TRAITÉ

SUR LA

JACINTE.

Contenant la maniere de la cultiver
fuivant l'experience qui en a
été faite

PAR

GEORGE VOORHELM.

FLEURISTE D'HARLEM.

Troifiéme Edition, revuë corrigée &
augmentée des obfervations pour-
fuivies par l'Auteur.

à HARLEM,

De l'Imprimerie de N: BEETS.

MDCCLXXIII.

PREFACE.

CHAQUE chofe a fa beauté, comme chacun a fa manie; les Fleurs en font un exemple, elles ont charmé des gens de tous Pays. La Jacinte plus admirable que les autres Fleurs les a captivé. Ils ont voulu fe faire une étude de fa Culture, mais faute d'en favoir la maniere beaucoup fe font donnés des peines inutiles: il ne leur manquoit pourtant pas de livres. La matiere a été bien traitée, mais d'une façon trop legere; d'ailleurs il eft peu de perfonnes qui puiffent en raifonner parfaitement; s'il y en a eu, ils ont été trop difcrets, ou plutôt trop

avares, & d'ailleurs il y a peu
de Jardiniers habiles en cet art.
Pour moi, defcendu d'ancêtres
& de parens qui depuis plus d'un
fiecle fe font entierement ad-
donnés à la Culture des Fleurs,
& particulierement à celle de la
Jacinte, animé du zèle de la
porter à fa perfeftion, & connu d'un grand nombre de Curieux par toute l'Europe, je
n'ai pu raifonnablement réfifter
aux inftances preffantes de tous
les Amateurs, qui m'ont de-
mandé un Traité fur cette Fleur.
J'ai eu beau me dire à moi-mê-
me qu'il falloit être Auteur pour
faire une telle entreprife; les difficultés fe font inutilement pré-
fentées devant moi, le bien public m'a fait oublier mon amour
propre, & je me prête à écrire
de chofes dont la pratique eft
auffi difficile à demontrer, qu'
elle l'a été à trouver. Si je n'ai

pas

pas l'avantage de briller, j'au-
rai celui d'être exact, je crois
que c'eſt le meilleur moyen de
plaire.

C'eſt pour ceux qui ſont ex-
poſés à un Climat pareil à celui
de Hollande que j'écris.   Les
autres ſe doivent gouverner relativement au Froid & au Chaud
du leur.   Toute l'Europe peut
jouïr de la Jacinte, quoique ſon
pays favori ſoit celui des Pro-
vinces Unies : Je n'en excepte
pas la Moscovie, la Suede ni la
Norvége ; on y réuſſit au mieux
à l'aide des Etuves. Je ſais que
bien des Curieux de France ſe
plaignent & diſent que la Culture de la Jacinte eſt impratica-
ble en certains endroits de leur
Pays, qu'elle y meurt, ou que
du moins elle y dégénére en
force en couleur & en beauté :
mais ſelon moi c'eſt ſans fonde-
ment, puiſque la France four-

* 3

nit

nit toutes fortes de terres. La
raifon d'une trop grande chaleur ne peut pas être plus vala-
ble. l'Italie en eft une preuve;
on y cultive avantageufement la
Jacinte; & il y a à Rome, à
Mantoue, & ailleurs en Italie
des Fleuriftes, parvenus en cet
art, au point de ne point ceder
le pas aux plus habiles Hollandois. Je conviens pourtant qu'
elle aime un climat moderé.

Tout utile que paroiffe mon
Ouvrage, j'entrevois que quelques-uns de mes Compatriotes
& co-Amateurs me jetteront la
pierre. Il me femble leur entendre dire que la Hollande eft
le feul Pays où l'on puiffe réuffir dans la culture de la Jacinte;
mais ce n'eft que pure Jaloufie,
ils croient & favent tous que fi
on ne réuffit pas ailleurs c'eft
faute de s'y bien prendre. D'autres diront auffi inutilement qu'

il

il faut avoir le cerveau timbré pour divulguer à toute la terre le fecret de la Patrie, que peu de gens poffedent, & qui s'y feroit toujours confervé. Sans être obligé de me juftifier, je vais leur faire voir & les forcer d'avouer qu'ils fe trompent.

Les Curieux des Pays Etrangers aiment la Jacinte, ils en font enchantés, mais après l'avoir vue une feule fois elle vient à mourir, ils en font fâchés, mais pas affez pour ralentir leur amitié, ils demandent de nouveaux Oignons. Sont-ils une feconde fois malheureux: cela leur paroît ennuyant: cependant l'efpérance leur fait hazarder une troifiéme demande, qui faute de fuccès les dégoûte tout à fait. Ils regardent enfuite comme une folie de vouloir poffeder ce qu'ils ne

peuvent conferver, ils y renon-
cent pour toujours.

Si quelques Etrangers réuſſiſ-
fent, ils ont bientôt la paſſion
d'avoir ce qu'il y a de plus beau,
& auroiont-ils fait d'abord le
projet de ne jamais mettre plus
de vingt ſols à une Fleur, le
ſuccès de quelques années les
encouragera inſenſiblement, au
point de depenſer vingtcinq florins à une belle Fleur plus aiſément que dix ſols auparavant. Voilà, ce me ſemble,
prouvé ſuffiſammant qu'il eſt
intéreſſant que les Etrangers ſoient au fait de la Culture de la
Jacinte & que je travaille pour
les interêts de ma patrie.

Il ne me reſte à préſent qu'à
encourager les Etrangers. Je les
prie de cultiver la Jacinte. S'ils
veulent être auſſi patiens que les
Hollandois, qu'ils prennent la
voie de la ſemençe ; au bout de
quel-

quelques années, ils iront de pair avec eux; & quelque difficile que paroiſſe la réuſſité, on verra bientôt toutes les Nations en état de ſe fournir réciproquement de belles Fleurs en ce genre. Je ne crains point de le dire, il eſt honteux aux Européens de ne point ſeconder les Hollandois dans un travail tel que celui de connoitre tous les myſteres de la Nature par rapport à la Jacinte. Ce n'eſt pas ainſi de la culture des autres Fleurs curieuſes, comme la Tulipe, la Renoncule, l'Anémone, l'Oeillet & l'Auricule; partout où l'on aime les agrémens du Jardinage, on trouve des curieux & même des Jardiniers Experts dans tout ce qui en a du rapport; ainſi que le Fleuriſte d'Hollande auroit mauvaiſe grace d'en regarder le curieux etranger comme ſon apprentif.

Après

Après tout cecy, je ne puis pas me dispenfer de me défendre encore contre les plaintes accufantes de quelques Amateurs, qui, pretendant avoir obfervé toutes les leçons touchant la culture, comprifes dans ce traité, fe plaignent de n'avoir pas eu le fuccès attendu. Je n'en veux rien nier, & je fuis bien loin de prétendre que ma façon de culture feroit parfaite ; & fut-elle de la derniere perfection, qu'elle ne manqueroit jamais d'un bon fuccès: ce n'eft pas ainfi d'aucun Art, & furtout pas de celui qui regarde la culture des végétaux. Toutes les obfervations qui font prefcrites dans autant de livres ecrits fur l'Agriculture n'ont jamais eu le pouvoir d'Affurer le laboureur d'une bonne récolte affurée, ce qui dépendra à jamais de bien des Evenements qui font

en-

entierement Hors de la portée du pouvoir de l'homme. Qu' eſt ce que l'on veut donc? Je ne prétends que montrer la voye la plus ſure pour attendre un bon ſuccès.

Je finis ce Preface en ſouhaitant qu'il ſe trouve encore quelques Amateurs dont les connoiſſances ſoient plus grandes que les miennes, & s'il en eſt un, je le prie pour les vrais Curieux & pour moi de mettre la main à la plume.

T A-

TABLE

DES

CHAPITRES.

CHA-

CHA-

TABLE des CHAPITRES.

TRAI-

TRAITÉ

DE LA

CULTURE

DES

JACINTES.

CHAPITRE I.

Combien il est noble d'aimer les Fleurs.

BIen des Gens s'étonnent qu'on puisse faire son amusement de la culture des Fleurs. Ils conviennent que tout le monde en général les voit avec plaisir, mais il leur paroît étrange que quelqu'un, n'en faisant pas métier, puisse se rendre assez esclave, pour sacrifier continuellement peines, veilles, soucis, à une chose dont il ne doit jouïr que quinze jours à trois se-

mai-

maines. Ils se font des monstres de la peine de planter, d'arroser, & de lever, d'empoter, de nétoyer, de couvrir, de mettre à l'abri, & même, l'ouvrage en gros d'un Curieux les révolte : enfin ils le tournent en ridicule. Eh! que seroit ce, si, plus initiés dans cette culture, ils savoient qu'une rude saison pendant la Fleur, peut enlever la moitié du plaisir qu'on en peut espérer, & même davantage?

Quoi qu'il en soit, on me permettra d'avancer, que, quand on n'auroit des Fleurs que pour orner son jardin ou récréer sa vue, on se fait un plaisir de les voir pendant tout le tems qu'on en peut jouïr. Mais il y a bien de la différence entre un Fleuriste ordinaire & un véritable Curieux. Les Fleurs de celui-ci auroient beau fleurir parfaitement, le tems auroit beau être favorable, ce seroit beaucoup, si pendant les deux ou trois semaines en question, on le voyoit passer une heure ou deux dans son Jardin, à peine ira-t-il les voir trois ou quatre fois pendant tout le tems qu'elles sont épanouïes. S'il y va plus souvent, c'est pure complaisance pour des amis, à qui il les fait voir; & même je puis dire plus, alors il est auprès

près de ſes Fleurs ſans les voir, il n'eſt occupé que du plaiſir d'entendre les Eloges qu'on en fait, & ſur tout de celui de voir ſes amis ſtupefaits. C'eſt dans cette circonſtance qu'il reſſent un plaiſir flateur, qui toutefois n'eſt rien en comparaiſon de celui qu'il a lorsqu'il excite de la Jalouſie. Oui, quand ce plaiſir ne devroit durer qu'un inſtant, il ne plaindroit ni années, ni argent, ni ſoins pour l'avoir.

Il faut bien qu'il s'en faille de beaucoup qu'on ait à ſe plaindre du peu de durée, quand on ne voit que pendant quinze jours le fruit de ſes peines à chaque eſpece de Fleurs qu'on a; car j'ai vu des Amateurs cultiver pendant une année entiere ſept à huit cent pots d'Oreilles-d'Ours ou Auricules avec tout le ſoin imaginable: environ le 20 Avril, qui eſt le tems qu'elles fleuriſſent, ils rangeoient leurs pots ſur le théatre, &, après s'être donné le plaiſir de les contempler deux ou trois fois, ils les remettoient dans l'endroit d'où ils les avoient tirés: quant au reſte du tems qu'elles reſtoient en fleur, ils l'employoient à aller voir les Jardins de leurs Co-amateurs, non pas, comme pourroient ſe l'imaginer ceux qui font tant les étonnés ſur l'agrément qu'on

A 2

goû-

goûte dans cette culture, pour voir des Fleurs, mais pour se repaître de l'agré-able pensée que les leurs ont remporté le prix. Celui qui n'est qu'aspirant au premier rang de Fleuriste, laisse ses pots sur le Théatre, sans avoir plus d'envie de les voir que les plus fameux Curieux, mais jaloux de s'attirer le nom de Connoisseur, & insensiblement de parvenir à celui de grand Amateur, il veut que d'au-tres les voyent.

Sur ce pied-là il faut convenir qu'il paroit y avoir de la gloire à s'attacher tout entier à la culture des Fleurs. Je puis aller plus loin, elle est l'écueil des inclinations les plus fortes & les plus lou-ables. J'entends par inclination celle de la Peinture, celle de faire une collection de Médailles, de rassembler la Porcelaine la plus rare, d'avoir les plus beaux Che-vaux, & même celle de s'enrichir, & ainsi de toutes autres choses: disons mê-me, abstraction faite de cette gloire, si on veut bien seulement étudier la condui-te des grands Amateurs & leurs Caracte-res, on aura la preuve de ce que j'avan-ce, ainsi je puis me dispenser de m'éten-dre davantage sur les agrémens qui accom-pagnent la culture des fleurs.

De

(5)

De tout ce que je viens de dire , il
réfulte que non feulement il n'y a pas de
comparaifon entre s'attacher aux Fleurs
& avoir d'autres inclinations , quelles
qu'elles puiffent être , mais même que,
l'homme aimant la nouveauté , l'amour
des Fleurs convient mieux à fa nature
que tout autre. En effet, quelque belle
& charmante que foit une chofe , n'a-
vouera-t-on pas qu'on goûte moins de
plaifir à la voir après une longue poffeffi-
on , que lorsqu'on vient de l'acquérir ?
Mais allons plus loin, un Curieux reffent
autant de plaifir en voyant fes Oignons
dans fa chambre, ou lorsqu'il replante fes
Fleurs, qu'en les voyant fleuries. J'en
ai en effet connu qui, pour fe procurer
les plaifirs dans leur naiffance, achetoient
un trés petit oignon d'une efpece recher-
chée, plutôt qu'un gros: leur but étoit
de le voir groffir d'année en année, avant
que de le voir porter des Fleurs, ce qui ne
manquoit pas d'arriver au bout de 3 ou
4 ans. C'eft alors qu'ils avoient la preuve que la Nature ne foutient les plaifirs
qu'elle procure que par fon renouvelle-
ment continuel. Il y a fi peu lieu d'en
douter qu'on accuferoit les Fleurs d'in-
difcrétion & de prodigalité, fi, voulant

A 3

fousoutenir leurs charmes, elles se faisoient voir pendant plus de quinze jours de l'année. Que l'on considere un peu le sort d'une Fleur superbe qui n'a jamais été connue; la premiere fois que les Curieux la voient, ils croient que c'est une des merveilles de la Nature; la seconde année ils en sont encore enchantés; la suivante ils en font l'éloge, & la quatrieme ils la regardent presque avec indifférence, & cette indifférence augmente insensiblement à mesure que cette Fleur devient ancienne.

On m'objectera sans doute que dès que l'on fait son plaisir de quelque chose (car je conviens qu'il n'est rien au de là de se procurer du plaisir) on est à l'égal des Curieux de Fleurs, sur tout si ce quelque chose est susceptible de diversités continuelles qui charment, comme qui diroit la Chasse. Quoi qu'on puisse dire, le plaisir que procurent les Fleurs l'emporte sur celui de la Chasse, puisque le premier, ne portant pas à la dissipation comme le dernier, contribue plus ou moins à la gloire de Dieu, sur tout à proportion que nous nous en faisons une occupation pour admirer les Secrets de la Nature, qui passent toujours notre attente,

& dont

& dont je parlerai plus amplement dans le Chapitre où je traite de la valeur infinie des plus belles Fleurs.

Mais il y a encore une autre forte de Gens qui s'imaginent trouver tous les plaifirs dont nous avons parlé, dans la culture de toutes fortes d'Arbres & de Plantes Fruitieres; je ne m'y oppoferois pas, s'ils ne s'attribuoient pas le droit de tourner en ridicule les Fleuriftes, en difant qu'ils ne peuvent concevoir qu'on facrifie une grande partie de l'année pour jouïr pendant quinze jours du plaifir que procure une Fleur. Après qu'ils auront joüi de leurs Fruits pendant ces quinze jours, je ne crois pas qu'ils s'avifent d'y chercher encore des agrémens plus grands que ceux qu'un Curieux goûte pendant que fes Fleurs ne font pas fleuries.

CHA-

CHAPITRE II.

De l'Excellence de la Jacinte, & sa su-périorité sur les autres Fleurs.

SI l'on trouve un amusement agréable dans les Fleurs ; si elles méritent qu'on s'en rende Curieux ; il faut pourtant convenir qu'elles ne sont pas égales entr'elles, & que les unes flatent plus que les autres, puisque telle Fleur, qui d'ailleurs mérite d'être cultivée, est obligée de céder à telle autre & en beauté & en mérite.

Les Curieux ne comptent que six Fleurs qui puissent les captiver ; savoir :

La Jacinte.

La Tulipe.

L'Auricule.

L'Oeillet.

La Renoncule.

L'Anémone.

Les autres sont moins susceptibles de variété & ne servent qu'à orner les jardins, ou à seconder le Botaniste.

La Jacinte se trouve ici la premiere comme la plus belle & la plus estima-
ble.

ble. Il eſt bien vrai que presque tous les anciens Curieux de Fleurs lui ont fait céder le pas à la Tulipe, & qu'ils ont encore aujourd'hui une infinité de Sectateurs, ſans cependant avoir d'autre raiſon que le desagrément d'en ignorer la culture. Il n'y a donc pas ici matiere à faire des reproches à cette Fleur, & on a mauvaiſe grace de ne pas lui rendre tout l'honneur qui lui eſt du. Comme il ne s'agit pour y parvenir que d'en faciliter la culture, je crois que ce Traité, qui n'a pas d'autre But, ne déplaira pas aux Curieux.

J'aime ces ſix ſortes de Fleurs, & je crois qu'elles ont toutes leur beauté particuliere. Je conviens encore que la Jacinte eſt la plus bornée quant aux couleurs. Auſſi ne ferai-je mention de ſes charmes & ne parlerai de ſes Sœurs que pour faire connoître qui doit avoir la préférence.

1. L'hiver n'eſt pas ſi-tôt paſſé: à peine la Nature, qui a été comme gelée commence-t-elle à ſe déveloper, à peine voit-on ſortir ceux que la rude ſaiſon a enfermés chez eux, que la Jacinte ſe montre, qu'elle annonce le Printems, qu'elle marche devant ſes Sœurs comme

A 5   un

un Général devant ſes Troupes. Voilà le premier avantage qu'elle a ſur les autres Fleurs, voilà ce qui la rend d'abord la plus charmante.

2. Elle eſt admirable par l'Odeur, que la Nature a refuſée à la Tulipe, à la Renoncule & à l'Anémone; elle ſaiſit admirablement l'odorat quand on entre dans ſes jardins. Si quelqu'un prétend que ſon odeur eſt trop forte, je le renverrai à la réponſe qu'on fait ordinairement à l'égard des goûts; il ne faut point diſputer des Odeurs, tel prendra autant de plaiſir à ſentir l'odeur de la Jacinte, qu'un autre à ſentir celle d'une Auricule: d'ailleurs quand la Jacinte eſt fleurie il n'y a ni Roſes ni Oeillets qui la puiſſent faire rougir; & comme elle eſt à l'odorat la plus flateuſe des Fleurs de ſa Saiſon, il y auroit de l'injuſtice à rendre ſon odeur criminelle.

3. Ce qui donne encore un degré de beauté particuliere à la Jacinte, c'eſt qu' une ſeule Jacinte fait un Bouquet parfait, non ſeulement par la quantité & l'arrangement de ſes fleurons, mais même, par le mélange de ſes couleurs; faveur à laquelle l'Auricule ſeule peut en quelque façon prétendre, mais dans un degré bien inférieur.

4. Quel-

4. Quelque chofe qui en releve extrémement le mérite, c'eſt qu'elle n'eſt pour ainſi dire ſujette à aucun abâtardiſſement. La Tulipe & l'Ocillet ne peuvent ſe prévaloir de cette gloire. Si leurs Amateurs ſont ſinceres; ſi ceux qui ſe ſont fait un amuſement de leur culture veulent convenir de la vérité, tout le monde ſaura quels deſagrémens il y a à les voir dégénérer en couleur; la Renoncule ne ſe trouvera pas auſſi entiérement exemte de ce défaut; & on apprendra que ces changemens ont rebuté une infinité de Curieux ſurtout de la Tulipe. Ma Fleur au contraire va à cet égard tête levée, elle ne peut s'entendre faire de reproches, puiſque de dix mille plantes, à peine en pourroit-on compter une qui de bleue ſeroit devenue blanche, ou de double ſeroit devenue ſimple; enfin on en peut acheter, vendre ou donner, ſans crainte d'une mauvaiſe ſuite, par conſéquent on doit lui donner le nom de Fidelle.

5. La Jacinte acquiert encore le droit de Primauté ſur les autres Fleurs par rapport à ſa Durée. Il ne s'agit pas ici du longtems qu'elle reſte en fleur, ni de ce que ſes fleurons réſiſtent mieux aux injures de l'air, que ceux des autres Fleurs,

quoi-

quoiqu'à ces égards elle n'ait point de concurrente, mais il est question, sous ce mot de Durée, des années que chaque espece de Jacinte peut durer sans les voir dégénéner ou s'abâtardir. C'est donc proprement de sa vie dont j'admire la durée; en effet on en a vu qui après quatre-vingts ans de culture n'avoient encore rien perdu de leur beauté : au lieu que l'expérience prouve que l'Oeillet dégénére au bout de huit ou dix, la Renoncule Européenne en douze ou quinze ans, & que l'Anémone & l'Auricule ne valent plus beaucoup après une trentaine d'années, que la Tulipe même ne dure pas plus longtems sans abâtardir totalement.

6. Je ne dois pas passer sous silence qu'une Jacinte entre les mains d'un habile Fleuriste peut se partager non seulement entre Voisins, mais même, comme je le ferai voir, entre Curieux qui habiteroient les deux exrémités de l'Europe : ce qui est un avantage que n'ont ni l'Oeillet ni l'Auricule.

7. On doit aussi compter pour beaucoup qu'à l'avantage d'être plus hâtive que les autres Fleurs, la Jacinte joint celui d'être unique dans ses dispositions à venir avant son tems : car on peut facilement la

fai-

faire avancer de trois mois, c'eſt-à-dire la faire fleurir en Janvier, & alors récréer la vue à l'inſtar d'une planche de belles Jacintes dans le Printems; & ce plaiſir eſt d'autant plus flateur qu'il n'eſt pas fort aſſujettiſſant, particulierement en ce que, comme je me charge de le démontrer, elle a la complaiſance de ne faire aucune diſtinction de l'Eau d'avec la Terre pour venir à fleur. Ainſi au milieu de l'hiver, ſans beaucoup de peine, ni beaucoup de terrain, je puis jouïr longtems du plaiſir de voir un des plus brillants effets dont ſoit capable la Nature, ſans que le froid, ni l'air puiſſent le traverſer.

8. Ce qui couronne la Jacinte, c'eſt ſa rareté, mérite qui releve toutes choſes, & qui par conſéquent humilie toutes les autres Fleurs: en effet on trouve des Tulipes, des Auricules, des Oeillets, des Renoncules, & des Anémones dans tous les Jardins de France, d'Allemagne, d'Angleterre, d'Italie, de Flandres & de Hollande; & il eſt rare qu'il faille ſortir de chez ſoi pour en voir en quantité; quoique celles qui ont des beautés particulieres feront toujours Rares partout ailleurs comme en Hollande. La Jacinte au contraire eſt ſi peu commune, que dans les

Païs

Païs que je viens de nommer, il n'y a peut-
être qu'une partie de ceux qui ont le nom
de Curieux de Fleurs à qui elle foit connue, & ce n'eſt que depuis peu d'années
que quelques Nations de l'Europe en ont
fait la découverte. C'eſt en Hollande &
particulierement dans la ville de Harlem
qu'elle brille le plus, que l'on en fait fon étude, & qu'on en trouve une certaine quantité ; car pour les autres Païs, elle n'eſt fê-
tée que par les Amateurs que en ont tiré
de Hollande. Il eſt vrai que le fameux
Millar fait entendre dans fon Dictionnaire à
l'article des Jacintes, qu'on en trouve auffi
facilement en Flandres qu'en Hollande,
mais pour moi, ni qui que ce foit que je
connoiffe n'a vu venir aucune belle Jacinte
de Flandres. Il eſt plus croyable quand
il dit que par le moyen de la femence on
en peut avoir d'auffi belles qu'en Hollande ; un Curieux Ecoffois femble lui en
avoir fourni l'exemple : ce traité ne fer-
vira pas peu à le confirmer, & à le faire
valoir.

Malgré toutes les prérogatives de la Jacinte, il y a cependant des Curieux qui
en font moins de cas que de la Tulipe &
de l'Auricule. Mais examinons leurs raifons ; elles fe réduifent, ce me femble,
à trois

à trois principales. La première est la difficulté de cultiver ma Fleur: j'ai déja fait voir qu'on ne peut point lui en faire de reproches, & que c'est la facilité qu'il y a à cultiver la Tulipe & l'Auricule qui les rend si communes dans tous les Jardins; 2. On fait un crime à la Jacinte d'avoir trop d'odeur: accusation, dont il m'a été facile de la Justifier; enfin mes adversaires, ceux qui ne pensent pas comme moi, prétendent que la tige de la Jacinte est trop aqueuse & trop foible pour résister à un tems rude: je réponds d'abord qu'on ne verra jamais une belle Jacinte sans avoir la tige bien proportionnée en grosseur & en grandeur, & qu'un Curieux qui a soin de garantir ses Fleurs de la Gelée, de la Grêle, de la Neige, des Vents aigus, & des autres injures de l'air, n'a pas plus à craindre pour ses Jacintes que pour ses Tulipes & ses Auricules.

CHAPITRE III.

Raisons qui justifient la grande valeur des plus belles Jacintes.

APrès avoir fait voir l'excellence & la supériorité de la Jacinte sur toutes les autres Fleurs, tous les Curieux conviendront sans doute qu'elle est admirablement belle, & mérite bien qu' on prenne double soin pour la cultiver. Mais ce qui révolte & surprend bien des gens, c'est le grand prix qu'on met aux plus belles espéces de Jacintes. J'avoue qu'il est impossible d'entendre dire sans étonnement qu'on a payé jusqu'à deux mille florins de Hollande, qui font plus de quatre mille francs argent de France, pour une seule Plante. J'ai été plus d'une fois témoin de ce négoce, & qui ne se faisoit pas pour badiner; je puis même dire que ce n'est point une chose rare aujourd'hui de voir donner Cent ou deux Cent florins pour un Oignon de Jacinte, sans qu'on puisse accuser les acheteurs de folie; car outre qu'il est vrai

qu'on

qu'on ne convertit pas tout son argent en pain ni en chofes auffi néceffaires à la vie, même la vie eft moins un bien que la fanté & le contentement; or dans ce contentement entrent les plaifirs permis & le délaffement. J'aurois tort de nier que notre principal objet doit être de travailler pour le néceffaire, mais auffi je fai qu'il y a bien des gens dont la fortune eft fi grande qu'ils ne font pas obligés de faire quoi que ce foit pour y pourvoir; & je fuis convaincu qu'il eft de leur devoir de fe procurer des plaifirs innocens; de contribuer autant pour eux que pour les autres à l'avancement des Arts & des Sciences, auffi bien qu'aux progrès qu'on peut faire dans les myfteres infinis de la Nature, qui ne fe prêtent que rélativement aux efforts qu'on fait pour les découvrir. Ce font ces prétieux fecrets que je me propofe de metre au jour.

La Jacinte a été longtems négligée parce qu'elle n'avoit alors rien d'extraordinaire. Elle vient originairement en tige qui porte huit à dix Fleurons blancs ou bleus divifés en fix fegmens; on ne pouvoit pas dire qu'elle fut plus belle que mille autres Fleurs de jardin & de campagne ce qui la rendoit d'autant moins digne d'attention,

B

de

de façon qu'il y a lieu d'être plus furpris
de ce que quelqu'un s'eft avifé de la cultiver, que de ce que la découverte de fes
tréfors l'a rendue fameufe & prétieufe. Elle a cela de commun avec toutes les Fleurs
recherchées, qu'elle fe multiplie & par
graine & par rejettons, & que pas moins
conftante qu' aucune autre de fes fœurs,
tous fes rejettons ne different jamais en qualités & propriétés; mais d'un autre côté
elle eft inconftante & fi changeante dans
fes productions par graine, qu'elle ne ref-
femble jamais précifemen à celle à qui elle doit la vie; que d'une centaine de grains
de femence qu'on aura gardée d'une feule Fleur il en viendra cent fortes de Fleurs
toutes differentes, & que pas une ne ref-
femblera à fa Mere. Ce fait eft incontef-
table & bien myftérieux, mais comme il
n'eft pas particulier à la Jacinte feule, on y
fit moins d'attention qu'on ne devroit. Cependant la lumiere repandue fur la géné-
ration des plantes ces derniers tems, furtout dans l'excellent ouvrage du celèbre
Marquis de St. Simon fur l'Anatomie re-
production & culture des Jacintes en a
eclairé beaucoup nos idées. De plus il
eft rare, que de dix fortes de Jacintes, il
n'y en ait que trois ou quatre qui produi-
fent

sent de la bonne Semence; à peine aussi dans dix sortes de ces bonnes Semences s'y en trouvera-t-il une qui mérite d'être semée. Les Curieux ne manquent pourtant pas de ramasser les meilleures de leurs graines; & même ceux qui font leur principale occupation de la culture des Fleurs ne s'ennuiront point de recueillir plusieurs années de suite une certaine quantité d'espéces à fleurs simples, qui leur auront paru propres à produire de particulieres & d'extraordinaires. Ils sement cette semence, il leur en vient mille sortes de Plantes, auxquelles ils ne voyent des Fleurs qu'après les avoir replantées cinq ou six fois; ce qui fait par conséquent l'ouvrage de cinq ou six ans, pendant lesquels il faut rendre à cette Plante tous les soins qu'elle demande; & encore il arrive quelque fois que pour avoir négligé la moindre chose, nulle de ces jeunes Plantes, qui sont délicates, ne reüssit, & qu'ainsi on s'est inutilement donné des peines pendant tout ce tems. Enfin, les choses allant bien, au bout de six ans on a mille sortes de Jacintes. Mais il ne s'ensuit pas de là qu'il y en ait beaucoup qui soient d'une espéce digne, il faut jetter presque tout; de cent à peine y en a-t-il une de

bon-

bonne à replanter, elles ont toutes degé-
néré & ne valent pas chacune en particulier le quart de celle qui a été leur mere.
Quand dans ces mille fortes de Jacintes il
s'en trouve cinq ou fix de pleines , un
Curieux eſt bien content , c'eſt tout ce
qu'il pouvoit eſpérer.   Il n'eſt pourtant
pas encore au bout; pour joüir de tout
le fruit de fon travail, il faut qu'il donne
à ces fleurs le tems de s'ouvrir & de faire
voir leur merite, ce qui demande quinze
jours ou plus, à proportion de la quantité
de feuilles qu'Il y a.   Je puis bien me figurer qu'il eſt alors flaté de la plus grande
eſpérance, que ces cinq ou fix Fleurs auront partagé entre elles tout le beau que
les mille autres auront perdu. Mais hélas!
plus elles avancent, plus *il* ſe voit trompé
dans fon attente. La premiere & la ſeconde font fi communes que fi ce n'étoit pas
ſa propre récolte il n'en donneroit pas un
Eſcalin.   La troiſiéme & la quatriéme font
paſſables, mais n'ont rien d'extraordinaire.
La cinquiéme plus belle, prétend qu'on
la mette en parade dans une planche,
quoique ce ne ſoit qu'à ſa nouveauté qu'
elle ſoit redevable de quelque conſidérati-
on.   La fixiéme enfin eſt une Fleur parfaite, jamais Jacinte de ſa couleur n'a ap-
pro-

proché de la fienne. La Nature paroit n'avoir été ingrate pour les mille autres qu'en faveur de cette unique Fleur. Ce qu'il y a de trifte, c'eft que notre Curieux court encore rifque de la voir mourir avant qu' elle ait acquife fa pleine force & perfecti-on, & enfuite lui ait donnée de fa race.

C'eft même reüffir que femer avec autant de fuccès; ce Curieux doit être compté au nombre des heureux. Je dois pourtant dire que ce ne feroit pas pour moi une chofe toute nouvelle de voir tomber le gros lot à une perfonne qui auroit laiffé par hazard tomber dans fon jardin nne douzaine de grains de femence de Jacinte; une Fleur fi inattendue s'eft vendue quelquefois plus de mille florins. C'eft, j'en conviens, un évenement fi rare, que de dix Curieux qui auront femé beaucoup de graine il n'y en aura fouvent pas un qui puiffe fe vanter d'avoir une Fleur fuperbe. N'eft-ce donc pas une chofe ineftimable qu'une Jacinte unique, que vingt & trente perfonnes ont cherché inutilement? Celui qui la pofféde n'en doit il pas être flaté? N'eft-ce pas quelque chofe de bien fatisfaifant de pouvoir dire: il y a nombre de gens dans ma ville qui ont de magnifiques Diamants, mais perfonne au mon-

de

de n'a une fleur auſſi belle que la mienne?
Une telle Fleur n'a-t-elle pas une valeur
réelle? N'eſt on pas obligé d'en faite plus
de cas que de mille autres Fleurs? Pourroit-on être aſſez fot pour la donner pour
rien? Quelqu'un qui en auroit envie en
offriroit-il une bagatelle? On acquiert les
Richeſſes par differentes voies plus ſures
les unes que les autres; mais pour une
Fleur telle que celle en queſtion, on a
moins d'obligation à ſes peines, à ſes
ſoins, à ſon eſprit, à l'argent, & à la
patience qu'à un bonheur tout particulier.
En quoi peut-on donc ſe faire difficulté
de la vendre mille Florins? pas la moindre, dira quelqu'un, mais il faut être in-
ſenſé pour les donner, car ce n'eſt jamais
qu'une Fleur. Je réponds qu'on ne doit
blâmer ni le Vendeur ni l'Acheteur. En
effet il y a lieu de croire que c'eſt non
ſeulement dans l'eſpérance de poſſéder une
ſi belle Fleur, ou dans la vue du gain,
mais même à deſſein d'engager la Nature
à ouvrir les Tréſors qu'on ne lui connoît
pas, & d'en faire glorifier le Créateur; il
y a lieu de croire, dis-je, que ce ſont
tous ces motifs qui ont affecté le Poſſeſ-
ſeur & qu'autrement il ſe ſeroit rendu
moins eſclave. Quant à l'Acheteur qui
don-

donne mille florins il a plufieurs vues; outre le plaifir d'une telle acquifition, il flate fon ambition d'une maniere honnête en
devenant par là, pour ainfi dire, le Chef
& le Roi des Curieux, & même s'il cherche du profit, il peut en trouver. Si l'on
m'objectoit qu'il y a du ridicule à efpérer
du profit fur une Fleur dont on à donné
mille florins, je dirois avec confiance qu'
on pourroit lui offrir fans rifque cinquante
pour cent de profit, & voici pourquoi;
il compte être affez heureux pour voir fa
Jacinte lui produire vingt Cayeux, qui à
cent florins feulement doubleront fon Ca-
pital. S'il ne trouve pas à les vendre; en
les replantant il efpere en avoir deux ou
trois cens qui évalués feulement à dix florins, le dédommageront amplement de
l'attente & tripleront peut-être fon Capi-
tal. Après cette opération qui ne demande que 7 ou 8 années au plus, il regarde
la culture de fa Fleur comme un fonds
inépuifable dont il retirera de gros inté-
rêts pendant très longtems.

Il eft vrai que tout ce que je viens de
dire du profit ne regarde proprement que
ceux qui font commerce de Fleurs, &
qu'il fembleroit que la Nobleffe en feroit
exclue. Mais quel faux prejugé! Pour-

                    quoi

quoi ne profiteroit-elle pas de l'occafion?
Eſt-il moins noble de gagner ſur ſes
Fleurs le produit de ſon Jardin, que ſur
ſes grains & ſur les Fruits de ſes Terres,
dont le Gentilhomme comme le Roturier
ne fait pas difficulté de ſe défaire publi-
quement? Au ſurplus ce préjugé paroît
avoir vieilli, & je ſuis bien aiſe que tout
le monde ſache que j'ai vu des perſonnes
de la premiere diſtinction de ma Patrie
ne ſe faire aucun embaras de paſſer outre.

Quoique j'aie ſuffiſament juſtifié & celui qui vend une Fleur unique mille florins, & celui qui en a payé ce prix, je
conviendrai qu'il s'en faut de beaucoup
que pareille vente ſoit commune. S'il en
eſt ainſi de ceux qui vendent & achetent
ſi cher, que peut-on dire quand on voit
payer cinquante ou cent florins pour une
Fleur parfaite? Il eſt même vrai qu'il n'y
a pas lieu de ſe ſcandaliſer quand de deux
Jacintes également belles, mais d'âge different, l'une ſe paye quinze à vingt florins & l'autre mille ou plus, dès lors,
comme nous l'avons déja dit, que le Vendeur & l'Acheteur peuvent avoir de bonnes vues.

On ne peut donc jamais critiſer le prix
dont on paye la beauté d'une nouvelle Ja-
cin-

cinte, qui a fouvent couté tant de peines
& tant d'années; on ne fçauroit par conféquent trop admirer une planche de Jacintes toutes plus rares les unes que les autres, qui font voir à l'envi les merveilles de
la Nature, dont la collection eft due au travail affidu d'un grand nombre de Curieux
qui y ont employé un fiécle entier, &
dont les prix font fi modiques aujourd'hui,
qu'en renonçant feulement à la premiere
nouveauté & faifant la dépenfe de quelques centaines de livres, on peut avoir
une planche qui faifira d'admiration tous
ceux qui n'ont point vu Harlem. Enfin pour tout dire, la Jacinte aiguillonne-
ra toujours l'amour propre, & fera fans
ceffe des jaloux.

CHAPITRE IV.

De quelle Jacinte on entend traiter &
d'où elle vient.

ON trouve chez le Botanifte une lifte
entiere de Fleurs que portent le
nom de Jacinte, comme.

B 5

Hya-

Hyacinthus Africanus,
————————— Botrioides,
————————— Corollis,
————————— Peruvianus,
————————— Plumofus,
————————— Stellatus,
————————— Tuberofus,
————————— Virginianus,
Lilio - Hyacinthus , & Hyacinthus
Orientalis,

Sans compter beaucoup d'autres que je puis me difpenfer de raporter. Je ne veux pas donner un Traité de Botanique, il n'eft queftion ici que de la derniere que les Botaniftes nomment *Hyacinthus Orientalis* ou Jacinte Orientale. Je remarquerai que pour la Renoncule on croit communément qu'elle nous a été apportée de Syrie du tems de la Guerre Sainte, & que nos premieres Renoncules que nous connoiffons depuis quelques fiécles, & qui ont encore aujourd'hui l'ancienne grace, ont acquis le titre de Renoncules Orientales. Il en eft de même de l'Anémone, c'eft parce que M. Bachelier l'a apporté dans le fiécle précedent de l'Amérique, qu'elle a été appellée Occidentale. Mais quant à ma Jacinte j'ignore d'où

elle

Fil. 26.

elle tire fon titre d'Orientale. C'eſt à tous égards une Fleur de Hollande, puisque, comme je l'ai déja dit, elle y fait en quel-que façon ſa reſidence, & qu'elle y eſt plus commune qu'ailleurs. Ce ſentiment eſt d'autant plus ſoutenable qu'elle y fut cultivée de tems immémorial. Si on en ait jamais connu en Orient, ce que l'on ne ſçauroit nier après avoir conſulé *dioſco-rides*, on conviendra aiſément que cela Regarde uniquement l'eſpece & ne peut s'appliquer en aucune maniere aux varietés modernes, qui demandent abſolument un air temperé: même celui d'Italie & des Provinces Meridionales de France eſt pref-que trop chaud pour elle. Les Turcs de la Romanie & de la Natolie, grands amateurs de Fleurs, qui aiment particulierement la Jacinte, ſont obligés d'en tirer de tems en tems de Hollande. Il n'en faut pas davantage pour prouver qu'elle ſe trouve en païs étranger lorſqu'elle eſt dans l'Ori-ent, & que les contrées Meridionales ne lui conviennent nullement: c'eſt donc une choſe décidée qu'elle ne peut venir d'un païs où elle ne peut presque vivre.

Il me reſte à preſent à combattre ceux qui veulent que le Cap de Bonne- Eſpé-rance ſoit le païs natal de la Jacinte, ſous

pre-

pretexte que M. le Gouverneur van der Stel nous donne dans sa collection des Plantes de ce païs-là la figure de cette Fleur, à peu près semblable à celle de nos plus communes assez conforme à la description de *dioscorides*, mais il ne faut pas faire d'effort pour être persuadé qu'il y avoit eu Hollande de belles Jacintes simples avant que les Hollandois se fussent établis au Cap : en second lieu on ne peut disconvenir qu'il y a déja plus d'un siecle que la Jacinte apellée *Imperiale* fut abondante en Hollande ; je laisse à ceux qui connoissent la progession du mauvais au bon, d'un à mille, d'en tirer des conséquences, pour se persuader que si elle se trouve quelque part, c'est par le moyen de la graine qui y aura été apportée de Hollande ; j'ajoûte que même dans la supposition qu'elle vienne du Cap, le nom d'Orientale ne peut lui appartenir.

Ce qu'il y a de plus vraisemblable à l'égard de ce titre d'Orientale, c'est que les Botanistes l'ont donné à sa beauté incomparable, rélativement à ce que les choses les plus prétieuses viennent de l'Orient.

Je ne me fais point de peine de laisser à ma Fleur le titre d'Orientale, à condition que tout le monde ne la regardera

que

que comme une Fleur de Hollande. Si une pareille vérité contredit tout à fait la maniere dont on pense de la Hollande, qu'on regarde comme un païs ingrat, que m'importe ? dès qu'il est de fait qu'elle renferme des trésors qu'on peut comparer à ceux de l'Orient, il ne faut point hésiter à fronder un sentiment général.

Quand même on supposeroit une plus grande naissance à la Jacinte, du moins feroit - on obligé de convenir que c'est dans la Hollande que de commune & simple qu'elle étoit, elle est devenue belle & pleine ; qu'il est peu ou point de Jacintes pleines qui n'y aient été trouvées, & que même les plus fameux Botanistes semblent indiquer son origine, en joignant des noms Hollandois aux descriptions qu' ils en font ; comme il paroit par ce qui suit.

Hyacinthus Orientalis, flore plenissimo albo, intus eleganter roseo, clavo conico obtuso, petalis valde reflexis, sive Koning van Groot Brittannien.

Hyacinthus Orientalis, flore plenissimo candidissimo toto, clavo conico, petalis maxime reflexis, caule & flore maximis, sive Keizers Juweel.

Millar.

CHA-

CHAPITRE V.

Division de la Jacinte par Sortes & par Couleurs.

JE ne pourrois faire qu'un ouvrage bien imparfait si je ne traittois qu'en général de la Jacinte. Pour ne rien laisser à desirer, il faut étendre la matiere à proportion du nombre de sortes qu'il y a de cette Fleur, que l'on pourroit diviser proprement en quatre Classes: savoir la Simple dont le Fleuron ou corolle n'a que six Feuilles, ou proprement dit est divisé par ses extremités en six Segmens, la demi-double qui a le corolle doublé irréguliérement de quelques feuilles florales, la double dont les petales font doublées, & la Pleine dont le cœur est entierement rempli de feuilles florales Il y en a qui viennent avec un cœur en coupe comme une Rose, d'autres qui ont une houpe comme celle de l'Oeillet. Les Couleurs qui dominent dans la Jacinte font.

Le Blanc

Le Bleu

Et le Rouge

Les

Les Jacintes Pleines se divisent en

Jacinte
- Blanche,
- Blanche & Jaune,
- Blanche & Rouge,
- Blanche & Rose,
- Blanche & Pourpre,
- Blanche & Violette,

Jacinte
- Bleue - Agathe,
- Bleue - Agathe & Pourpre,
- Bleue - Porcelaine,
- Bleue - Porcelaine & Pourpre,
- Bleue - Pourpre,
- Bleue - Pourpre Presque Noire,
- Bleue - Gris - de - lin,
- Bleue - Gris - de - lin & Noire,

& enfin en

Jacinte
- Rouge Foncé,
- Rouge Couleur de Rose,
- Rouge Couleur de Chair,
- Rose & Pourpre.

On est parvenu à découvrir la Couleur Jaune dans la Jacinte, cependant en exceptant quatre sortes on n'en trouve encore que dans le cœur de quelques Jacintes Pleines, mais parmi les sortes de Simples qui portent de la graine, il y en a plus dont tout le champ de la Fleur se trouve couvert de jaune. C'est pourquoi on se flate de voir un jour une ample col-

lec-

lection de belles Jacintes Pleines de cette
couleur, tems auquel le jaune, cette couleur charmante, pourra être compté la
quatrieme couleur dominante, & on n'eft
pas peu confirmé dans cette esperance fla-
teuze depuis la conquête de *l'Ophir*, Ja-
cinthe parfaitement pleine & bien formée,
& dont la couleur Jaune n'eft entrecou-
pée que de quelques taches pourpres au
dedans : Fleur d'une excellence auffi particuliere, que nul vray curieux ne fçauroit
fe difpenfer de la receuillir parmy fa collection. Ainfi ceux qui fe piquent le plus
de delicateffe fur les Fleurs auront beau
reprocher à ma Fleur, qu'elle ne peut
faire fon Fort de la diverfité de fes couleurs, il n'en fera pas moins vrai, qu'une
Fleur bien nuée de Blanc, de Pourpre &
de Rouge, de même que celle dont les
nuances font d'un Bleu Gris-de-lin &
Noir, charme admirablement la vue.

CHA-

CHAPITRE VI.

Qualités requises dans une bonne Jacinte soit Simple, soit Double, ou Pleine.

IL n'y a rien au monde qui ne soit parfait en sa sorte en ce qu'il repond à l'objet de l'Auteur, & en ce qu'il n'a pas d'autre forme que celle qui lui a été donnée. Quoique sur ce pied-là on ne puisse pas dire que l'une chose vivante est plus parfaite que l'autre, cependant l'homme s'étant imaginé devoir comparer ces choses, les a nommé l'une belle & l'autre laide, & ensuite en a établi la difference en disant que celle-ci l'emportoit sur celle-là. On diroit du premier coup d'œil que tous les Amateurs se trouvant d'accord sur une chose, l'axiome ne se trouveroit contredit par qui que ce soit, mais souvent ce goût n'est qu'une tradition & on n'approuve alors que par paresse ou manque d'envie de s'instruire; d'où il arrive quelquefois que les décisions de ceux qui passent pour Connoisseurs ne font pas regle chez l'homme impartial. A l'égard des Fleurs, on n'est pas par tout d'accord de leur beauté

C

& de

& de leur perfection. Par exemple une Tulipe qui a de grandes taches fera extra-ordinairement eſtimée en France, & au contraire la même Tulipe fera mépriſée en Hollande & en Flandres relativement à ces taches. Ainſi il faut convenir qu'en fait de choſes de goût, les jugemens qu'on en porte font auſſi arbitraires que peu fondés.

Quoi qu'il en foit pour décrire les qualités que doit avoir une belle Jacinte, je ne puis faire autrement que de fuivre la Regle ordinaire qui fe prefente tout naturellement fans avoir aucun égard aux raifons que l'on vient de lire, d'autant plus que je puis prouver ce que j'avance par des marques différentes de beauté.

1. La Jacinte doit former l'Oignon d'une groſſeur raifonnable & fans défaut, car un petit Oignon outre qu'il ne fatisfait pas à la vue, produira rarement un grand & magnifique Bouquet ; & celui qui aura des défauts ou qui fera écailleux ne pourra que difficilement réſiſter hors de terre ; fa peau s'endommagera, il courra rifque de pourir ; enfin on le pourra moins facilement tranfporter loin, & il déplaira toujours aux yeux d'un Curieux qui, comme on le fait, fe Repaît ordinairement avec

au-

autant de plaifir à contempler fes Oignons que fes fleurs. Il ne s'enfuit pourtant pas de ces deux défauts qu'on doive jetter ces Oignons, parceque la plus grande partie des plus belles Jacintes pleines blanches, mêlées derouge, ont les peaux défectueufes, & que bonne partie des plus belles Jacintes rouges eft petite, de façon que la groffeur d'un Oignon & fa peau faine & fans défaut donnent plutôt un relief à une belle Jacinte, que la petiteffe & les vices ne font un motif de rejetter l'efpéce.

2. Il eft à fouhaiter que la Jacinte ne pouffe pas de trop bonne heure fa Fane, parce qu'il feroit à craindre que les gêlées de Fevrier & de Mars n'y fiffent beaucoup de tort, & que cette Fane encore tendre venant à gêler, l'Oignon ne s'en reffentît & fouvent même n'en mourût. Mais uu tel défaut, qui ne fait qu'affujettir à des foins plus particuliers, ne prononce pas auffi la fentence de la Jacinte.

3. C'eft une chofe dèfagréable de voir une Jacinte défigurer fa Tige en pouffant à la tête cinq ou fix boutons maigres & deffechés. Il y a cependant de très belles Jacintes entichées de ce défaut. On y re-

non·

nonceroit ſi elles en faiſoient continuellement, mais comme cela n'arrive que par
intervalle, on prend patience, & on s'attend qu'elles ſe corrigeront.

4. Il faut qu'une Jacinte ne fleuriſſe ni
trop tôt ni trop tard, mais dans ſon tems;
par exemple dans un Climat comme celui
de Hollande, la Simple ne doit pas diffé-
rer plus que le 6 ou 8 d'Avril, & la pleine plus que le 20 ou 24me. Avancent-el-
les de beaucoup, la fleur ſe paſſe avant
qu'on l'ait pu admirer, car en général on
ne ſe ſoucie pas de voir une Fleur, mais
une planche entiere bien fleurie. Sont-el-
les tardives, elles ont le même ſort, parce qu'alors le bouton en eſt verd. Qu'
importe, dès qu'une Jacinte ou hâtive ou
tardive eſt bien belle, on conſerve la premiere comme étant bonne pour en avoir
avant le tems, & la ſeconde à cauſe de ſa
ſingularité, quand même elle auroit de la
peine à s'épanouir. Si la pouſſe de cette
derniere eſpéce promet beaucoup dès que
les boutons commencent à paroître, on
peut mettre avec ſuccès la Jacinte ſous une
cloche. Si elle n'a rien qui flatte, on aura raiſon de l'abandonner.

5. Il faut qu'une Jacinte donne un nombre raiſonnable de Fleurons à ſa tige, c'eſt-
à-di-

à-dire 15, 20 ou au moins 12, s'ils sont grands; celle-là excelle, qui en produit 30, & celle qui ne va pas à plus de 6 ou 7 fleurons ne vaut rien, il n'y a pas d'autre parti à prendre que de la jetter.

C'est quelque chose de beau dans une Jacinte quand sa tige est d'une hauteur bien proportionnée, c'est aussi un merite que ses Fanes se tiennent d'une façon qui soit entre le droit & l'horisontal; quand elle est trop haute, elle rend la plante difforme, & quand elle est trop basse, tant belle que soit la plante, elle n'est plus digne d'admiration; & quand la Fane est trop droite, on ne voit pas la Fleur. Toutefois quand les beautés de la Jacinte l'emportent de beaucoup sur ces défauts, on les passe.

7. Il faut pour faire une belle Jacinte que ses Fleurons soient détachés de sa tige, & qu'ils se tiennent horizontalement, qu'ils remplissent également la tige, que la queue des cloches aille toujours en diminuant de grandeur à prendre d'en bas, de façon qu'elle soit très courte aux Fleurons d'enhaut & comme adjacente à la tige; que ses Fleurons forment une piramide, & que celui du haut de la tige aille tout droit. C'est un défaut quand les

Fleu-

Fleurons pendent, la Jacinte n'eſt pas alors
eſtimable, ou bien il faudroit qu'ils fuſſent
extraordinairement beaux ; quand il ne
vont pas horiſontalement ou qu'ils ſont
droits, la fleur devient disgratieuſe: n'y
en a - t - il que d'un côté, alors on ne peut
la regarder que d'un côté, & on ne peut
pas dire qu'elle ne ſoit bien defecte. Je
n'ai pas beſoin de dire que quand les fleurons d'en bas ne ſeront pas plus éloignés
de la tige que ceux d'en haut le tout ne
formera point la piramide.

8. C'eſt en effet un défaut dans une Jacinte ſi elle pouſſe deux tiges qui ont des
Fleurs ; cependant y ayant pluſieurs ſortes
ſujettes a en produire ordinairement deux,
ſçavoir une maîtreſſe tige, & une moins
conſidérable, on paſſe ce défaut, quand
la Maîtreſſe tige ſe trouve bien garnie de
Fleurons, & alors pour augmenter la force de la premiere on coupe la ſeconde.

9. Il faut que les Fleurons d'une Jacinte ſoient grands & courts & que leurs fa-
ces ſoient bien étendues; que les feuilles
en ſoient larges, & qu'il n'y en ait point
qui ne faſſent leur devoir, ou du moins il
faut que les fleurons ſoient bien remplis.
On ne peut ſe diſpenſer de jetter les Jacintes dont les fleurons ſont petits, à moins
que

que la beauté de la couleur ne les rende
fupportables; de longs Fleurons déplai-
fent à la vue, & c'eft fouvent ce qui les
fait pendre, & ceux qui font bien frifés en
dehors en deviennent trop petits: une
feuille Large attire l'éclat, & un fleuron
creux n'attache point du tout.

10. La Tige de ma Fleur doit être forte depuis le pied jufqu'en haut, il faut qu'
elle fe tienne droite, car autant il eft vrai
que ce n'eft que pour parer les vents forts
qu'on étaye une fleur, autant il eft fûr qu'
une fleur dont la tige n'eft naturellement pas
droite ne peut briller on ne doit pas fouf-
frir dans fon jardin une Jacinte qui a une
tige extrêmement foible, & elle fe trouve
fort deparée quand le haut de fa tige panche.

11. On ne doit pas donner la préférence à la Jacinte qui fe multiplie trop; elle
devient bientôt ordinaire, & quelque belle qu'elle foit, fon mérite dégénéra certainement entre les mains du vulgaire. Il
y a tant de différence entre toutes les fortes de Jacintes à l'égard de leurs productions, que telle fe produira cent fois pendant que l'autre ne le pourra faire fix.

Voilà les principales perfections qu'un
Curieux fouhaite dans une belle Jacin-
te. Cependant on pourroit en compter
C 4 en-

encore quelques unes. Je conviens bien qu'elle eſt ſans défaut dès que non ſeulement ſon Oignon eſt gros & ſain, que ſa Fane a de la conſiſtance & qu'elle ne pouſſe pas trop-tôt; qu'elle fleurit en tems convenable, qu'elle a beaucoup de Fleurons, que ſa tige ne laiſſe rien à deſirer à l'égard de ſa hauteur, de ſa force, & de tout ce qui lui apartient, & qu'elle n'eſt pas accompagnée d'une ſeconde; enfin quand les Fleurons en ſont grands, courts, unis, larges de feuilles & bien remplis, & que l'Oignon ne pullule pas trop vîte; mais me conteſtera-t-on qu'il n'eſt pas poſſible qu'une Jacinte blanche ne ſoit atteinte de quelques autres couleurs? Cette même Fleur eſt pourtant parfaite, parceqne ce n'eſt pas une raiſon de la détruire de ce que telle ou telle couleur ſe trouvera adjacente, mais elle ſeroit plus agréable & plus pretieuſe ſi ſon blanc ſe trouvoit mêlé de rouge ou de pourpre. Tout ceci prouve que quelquefois une Fleur plus défectueuſe & moins parfaite qu'une autre peut être préférée relativement à ce que ſa couleur, ſa groſſeur & ſes autres perfections l'emporteront ſur celle qui aura les bonnes qualités que nous avons décrites. Quoiqu'il en ſoit, je dois obſerver que

bien

bien que j'aye dit que je diviferois la Jacinte en quatre Claffes, favoir en Simples, Demi-Doubles, Doubles, & Pleines, cela n'empêche pas que celles d'entre les fimples ou pleines qui ont quelques
excellentes qualités plus ou moins grandes
ne foient fujettes aux perfections générales. Peu s'en faudra que tout ce que je
prefcrirai dans les Claffes à l'égard de la
Jacinte double ou demi-double n'intéreffe
particulierement l'art de les faire avancer,
d'autant plus que c'eft un de fes mérites,
mais comme ces deux claffes font presque
toutes hâtives, fi on en met de toutes les
fortes enfemble, elle pourront fournir un
agréable coup d'œil & fuppléer aux pleines, attendu qu'en les plantant à l'ordinaire elles rempliffent le vuide de l'entretems de la fleur des fimples & des pleines.

Mais quoique ce foit la Jacinte pleine
qui fixe le plus les Curieux, la fimple n'a
pas moins les qualités propres à fe faire aimer, & elle a fes partifans. En effet on
conviendra d'abord que s'il eft du de la
confideration à la Jacinte en général à titre de Fleur hâtive, la fimple eft la premiere partagée, puifque la pleine fleurit
trois femaines plus tard que la fimple; at-

C 5

tri-

tribue - t - on à la Jacinte le mérite de former un grand Bouquet, en veut - on avoir
un, il faut s'adreffer à la fimple préféra-
blement à la pleine, elle a quelquefois
30, 40 & 50 fleurons à fa tige ; auroit-
on envie de voir une planche entiere fleurir d'une maniere uniforme, qu'on prenne
encore la Jacinte fimple. Si on l'arran-
ge comme il faut, on aura le plaifir parfait de voir une planche en Fleur à l'égal
d'un champ ou d'une montagne qu'on auroit femée de Fleurs, & c'eft ce qu'on ne
peut pas exiger de la Pleine. Il eft donc
tout naturel que les Curieux faffent leur
amufement de la Jacinte fimple parfaite,
auffi bien que de la pleine, relativement au
plaifir qu'ils ont alors de jouir fans difcon-
tinuation de cette Fleur & de fa beauté
charmante depuis le 20 Mars jufqu'au
1. Mai & même deux femaines plus longtems, fi on y comprend celui des plus
hâtives & des plus tardives. Enfin quand
un Amateur auroit les plus belles Jacintes
pleines & en telle quantité qu'on voudra,
s'il n'en a pas de Simples, il ne peut paffer tout au plus que pour demi Curieux
& n'a pas lieu de s'en plaindre ; il peut
bien fe prévaloir d'avoir les plus prérieu-
fes, mais encore n'en a - t il pas de fimples,

ples, il eſt pauvre à leur égard, il n'a
que la ſuperficie d'un bien, il eſt obligé
de renoncer au fond, il ignore ce que
c'eſt que la ſource d'un plaiſir, il n'aura
jamais ce gros Lot acquis par gradation
& d'abord par ſemence, avantage dont
il ſe prive lui-même, à moins qu'il ne
le paye au poids de l'or, encore ſera-
ce un hazard s'il y parvient. De plus
cette poſſeſſion n'eſt agréable qu'autant
qu'elle eſt précédée d'un travail qui amu-
ſe, & qu'elle eſt plus inattendue. Il eſt
vrai que la Jacinte double donne quelque fois de la graine; j'entrerai dans des
obſervations à ce ſujet, mais quelque
choſe qu'on puiſſe dire, je crois affirmativement que le Curieux qui n'a que
des Jacintes connues, & qui n'en a point
de Semence, ne connoîtra jamais la moitié des faveurs qu'accorde la Culture des
Fleurs.

CHA-

CHAPITRE VII.

Des Listes des noms des plus belles Jacintes.

IL ne faut regarder tous les noms particuliers des Jacintes, & ceux de toutes les autres Fleurs de goût que comme des Caractères qui aident à distinguer les sortes. Les espéces de Fleurs ou de Plantes qui n'ont qu'un petit nombre de sortes se peuvent distinguer par la description de leur Couleur, grosseur, fane, tige, graine, maniere de croitre &c. Quand aux Fleurs Curieuses dont on ne connoîtroit que 25 sortes, les lettres de l'Alphabet seroient commodes. Au lieu de ces lettres les Curieux de Flandres & d'ailleurs se servent de Chiffres pour distinguer leurs Fleurs, tant il est vrai qu'il faut avoir des marques pour connoître les différentes sortes de ses Fleurs même dans la saison qu'elles ne se montrent pas en Fleur. Je conviens bien qu'il y a des Curieux dont l'expérience & la connoissance sont si grandes, qu'ils en connoissent une infinité de sortes à la seule vue de l'Oignon ou des

F

Fanes; mais c'eſt une adreſſe que peu de perſonnes poſſedent, & elle ne peut être aſſez univerſelle pour n'être ſujette à aucune erreur. D'ailleurs cet art n'a pu s'acquerir ſans que l'on ſe ſoit ſervi d'abord de Marques, & c'eſt à la vérité le ſeul moyen d'imprimer ces différentes ſortes dans la Memoire. Mais l'uſage des Chiffres eſt tout-à-fait fautif. 1. Par ce que dès qu'on y fait une ſeule faute, la Chaîne eſt tout d'un coup perduë, on ne peut plus que ſe tromper & accuſer faux. 2. N'y arrive-t-il pas continuellement des changemens & du nouveau dans les ſortes, ſoit par mort, ſoit par le rebut? & les numéros de celles qui ſont mortes ou qu'on à miſes au rebut peuvent-ils ſe mettre à d'autres ſortes ſans occaſionner de la confuſion dans la mémoire? Non, & on ne peut parler affirmativement des ſortes de Fleurs quand on s'eſt ſervi de Chiffres pour les diſtinguer. Tous les Curieux en général comptent à commencer du N. 1. & par conſéquent ils ont une Fleur de N. 1. ou 2, &c. mais pour ceux qui veulent avoir quantité de Fleurs, s'ils en reçoivent une Partie de ſept ou huit amis, & qu'ils la marquent de Nos. répétés, ne feront-ils pas dans la confuſion & le déſordre? Ainſi c'eſt ſans difficulté
qu'ils

qu'ils font obligés, quand ils ont fept ou huit
Fleurs d'un même numero, ou de mettre
à côté du N°. le nom de ceux qui les leur
ont envoyées, ou bien de recommencer
une nouvelle Lifte à compter du N°. 1.
Encore dans ce dernier cas un Amateur
fera le feul qui connoiffe fes Fleurs. D'ailleurs veut-il mettre à profit fa maniere,
il fera obligé d'ajouter à fes N°s. la Couleur & les qualités de la Fleur, & il arrri-
vera que la même defcription fe trouvera pour plufieurs fortes différentes, qui
neanmoins ne s'accordent nullement. Donc
c'eft prendre des peines inutiles dès lors
qu'on fe jette dans la confufion, ou qu'au
moins on ne va pas d'un pas fûr. Pour
éviter cet embaras, les Hollandois ont in-
venté une maniere d'avoir une idée fûre
d'une Fleur, elle peut fervir à ceux qui
font les recherches, ils ne fe mépren-
dront point. Cela eft fi vrai, que fi l'on
demandoit d'un des bouts de la Terre à
un Hollandois une Fleur, on eft fûr de
la recevoir & qu'il n'aura point été fait de
qui pro quo; parce qu'un Hollandois n'a
befoin que d'un mot ou de deux pour
comprendre fon Correfpondent; cette maniere Hollandoife eft fi bonne que beaucoup de ceux qui font véritablement Amateurs

teurs de Fleurs la mettent de plus en plus
en ufage.   Voici en quoi elle confifte.

C'eft de donner un nom à chacune de
fes Fleurs dès qu'elle eft produite , &
qu'on la juge digne d'être cultivée ; par
cette précaution , elles feront connues
dans tous les tems, dans tous les Pays
étrangers & par tous les Curieux. Les
Anglois, j'entends les Amateurs d'Angleterre, y ajoûtent ordinairement le nom de
celui qui en faifoit la conquête, c'eft à
dire, par la culture duquel elle étoit ve-
nue de la femence. Ils ont prefque toujours coutume lorfqu'il eft queftion de donner des noms à leurs Fleurs, de fe fervir
de ceux de leurs Princes & de leurs grands
Capitaines. Qu'arrive-t-il delà ? qu'affez
fouvent plufieurs Curieux fe fervent du
même nom, & pour aller au devant de
cette difficulté, ils n'ont rien cru de mieux
imaginé que d'ajoûter le nom de celui qui
a été le premier maitre de la Fleur: mais
les Hollandois ne s'écartent jamais de leur
principe, ils tirent les noms de leurs
Fleurs d'abord de leur Langue, enfuite
du Latin, du François, de l'Anglois &
de l'Allemand; ils y font entrer les noms
de Princes, de Princeffes, de Héros, de
Gens de réputation de ce fiécle ou des
paf-

paſſés, même des noms de Joyaux, de Raretés, d'Ornemens, de Bâtimens, de Particularités de la Nature; on y voit ſouvent quelque choſe qui marque l'admiration, ils enrichiſſent auſſi les noms de quelques mots qui font connoître les beautés de leurs Fleurs, & enſuite ils appellent . à leur ſecours, mais rarement des Villes, des Campagnes; de façon qne c'eſt quelque choſe de rare de voir deux Hollandois ſe rencontrer en donnant des noms à des Fleurs, & leur maniere eſt d'autant plus avantageuſe, que perſonne n'eſt aſſez imprudent pour ſe ſervir en nommant une Fleur du nom d'une autre de la même couleur. D'un autre côté la maniere des Hollandois a auſſi ſon contre, en ce que les noms qu'ils ajoutent n'ont ſouvent que peu ou point de rapport à la Fleur. Si j'en cherche la raiſon, je trouve que la nature dans ſes dons n'a aucun égard aux perſonnes, qu'elle gratifie quelque fois des plus belles Fleurs le pauvre & l'homme ſans expérience, gens ſouvent dépourvus de ce génie qu'il faudroit avoir pour donner des noms convenables aux Fleurs qu'ils ont conquêtées. d'où L'on voit que ſouvent une belle Fleur porte un nom ridicul, pendant qu'une fleur commune en

aura

aura un charmant. C'eſt ce qui trompe les Etrangers; qui ſouvent n'ont pas occaſion de voir les Fleurs mêmes. En ne voyant que les Liſtes, ils s'arrêtent aux noms de Fleurs inférieures & paſſent par deſſus ceux des belles. A cet inconvenient je puis encore ajouter celui qui réſulte de ce qu'une perſonne qui poſſéde une Jacinte d'un bleu ſuperbe lui donnera par goût le nom charmant qu'aura une Jacinte Blanche Pleine, ſous prétexte qu'il eſt facil de les diſtinguer par leurs couleurs, & qu' il en arrive quelque fois de même à ceux qui ont ou une belle Fleur rouge, ou une belle ſimple, le tout faute d'avoir aſſez de génie pour leur forger un nom. C'eſt ce qui donne bien de la tablature aux Curieux qui ne ſe méprennent pourtant pas, il n'y a que les Etrangers & les novices qui en font les dupes; il faut quelque Etude pour parvenir à la connoiſſance de toutes les belles Jacintes par leur noms. C'étoit autrefois l'uſage en Hollande, qu'on ne donnoit un nom à une nouvelle Fleur qu' en cérémonie. On invitoit tous les Curieux du voiſinage, chacun opinoit à ſa fantaiſie, on recueilloit les voix, la pluralité l'emportoit & on célébroit cette faveur de la Nature par des Fêtes, dont celles d'au-

D

jourd'

jourd'hui n'approchent pas; la mode en eſt même paſſée.

Il ſeroit bien à ſouhaiter qu'on pût parvenir à ne pouvoir tomber dans l'erreur à l'égard de ces noms, mais ce n'eſt pas l'ouvrage d'un jour; car les Curieux de Hollande, forment une eſpéce de République dont tous les Membres prétendent être chefs du Conſeil & avoir voix délibérative & déciſive, la belle Choſe ſi le Gouvernement monarchique s'y introduiſoit. Dans la circonſtance où ſont les choſes, je ne vois rien de mieux que de mettre ici une Liſte des noms des Jacintes qui ſurpaſſant les autres, méritent l'attention & la culture des vrais Amateurs. Il eſt vrai que, quelques années écoulées, cette Liſte ſera défectueuſe; il faudra l'augmenter à meſure qu'on fera des progrès dans cette culture. Il faut s'y attendre, il y aura de nouvelles Jacintes aux-quelles l'on ne ſe fera point attendu, car la Nature eſt inépuiſable en beautés. Alors on ſuppléra aux défauts, il ſe trouvera des gens qui ſuivront mon exemple, & qui prendront la peine de rendre public ce qu'on aura découvert de beau à compter d'aujourd'hui. C'eſt un ouvrage qui ne ſera jamais fini, puisque c'eſt une partie de la

na-

nature qu'on ne ne connoîtra jamais au fond. Je met les noms par Alphabet, les décrivant par deux ou trois mots, pour en défigner les differentes beautés.

Jacintes Pleines & Doubles à Fond Blanc.

Acafte, *blanche au fond couleur de chair, la tige montante & bien garnie.*
Alberdina, *blanche à cœur roze incarnat, très jolie.*
Albicaftro, *blanche de lait, tendre & belle.*
Amelie Sophie, *blanche cœur incarnat, fleurons libres & belles.*
Amintas, *blanche à bon bouquet tendre, hative.*
Amiral Bing, *blanche tirant au couleur de chair, gros fleurons très doubles.*
Amiral d'Hollande, *blanc, à cœur incarnat, tige parfaite en piramide, fleuron bien double.*
Amiral de Ruyter, *blanc melé de roze à cœur pourpre, gros fleuron, tardive.*
Amiral Evertfe, *blanche à cœur rouge, tendre.*
Amiral Pen, *blanche à cœur rouge, tige haute, fleuron bien formé.*
Amiral Tromp, *blanche au cœur très peu de violet, beau bouquet.*
Amiral Vernon, *blanche à cœur rouge pourpré, fleuron grand.*
Anaximander, *blanche cœur roze, beau fleuron haute fuperbe.*
Andromeda, *blanche à gros bouquet, fleurons libres belle.*
Araminte, *blanche cœur rouge pourpré, jolie.*
Afteria, *blanche à cœur roze, jolie.*
Atlas, *blanche entiere, tige haute garnie de nombre de gros fleurons.*

D 2

Avan-

Avanturier, *blanche à cœur rouge pourpré très jolie.*

Bailli Blanc ou Bailluwinne, *variation du bailli d'amstelland, blanche à cœur roze, grande double & belle.*

Bailli Pannaché, *autre variation de la même forte, blanc rayé d'agate.*

Bailli de Waffenaar-Zuydwyk, *blanc à cœur pourpre foncé vif, infiniment belle.*

Baron de Breteuil, *fond blanc egalement couvert de roze rouge, tige montante bien garnie de fleurons formidablement grandes doubles & bien formées.*

Belle Amazone, *blanche entiere, tige haute garnie, de nombre de fleurons bien doubles.*

Belle Blanche Incarnate, *belle couronne, fleurons affez doubles.*

Belle Pomone, *blanche entiere, tige haute, fleuron grand, bien formé, fleur belle.*

Bellone, *blanche à cœur pourpre, fleuron grand, bouquet formé.*

Blanche Fleur, *hative tige haute, très pure blanche, beau bouquet.*

Candidus Violaceis, *fleur tendre, blanc à cœur violet, beau bouquet, fleuron bien formé.*

Cardinal de Fleury, *blanc à cœur pourpre fleuron grand.*

Cerès, *blanche à cœur violet pourpré, haute, belle & très grande, mais la plus tardive de tous.*

Cerialis, *blanche à cœur roze, tige bien garnie.*

Chandelier d'Eglife, *blanche à cœur roze rougeatre, gros fleuron bien double, bouquet en piramide parfait.*

Char du Soleil, *blanc à cœur violet, haute tige bien garnie de beaux fleurons doubles.*

Cleopatra, *blanche à cœur rouge, tige haute, garnie de beaux larges fleurons.*

Cœur Aimable, *blanc à cœur pourpre foncé, beau bouquet, fleuron double bien formé.*

Cœur Tendre, *blanche à cœur jaune, tendre, gros fleuron, large & double.*

Coloffe, *blanche pure gros fleurons, bien placés.*

Commandeur de Flore, *blanche au milieu rofe, gros fleuron, tige haute, magnificq.*

Com-

Comte de Provence, *blanche melée de peu de rose, très double, bouquet ample.*

Comte de Sponheim, *blanche à cœur rose, grande un peu tardive.*

Comte de Wallenstein, *blanche à cœur jaune, tige haute, bouquet superbe, belle.*

Comtesse de Barri, *blanche tendre.*

Comtesse de l'Hopital, *blanche à cœur rouge, joli parfait fleuron, tige bien garnie belle.*

Comtesse de Marsan, *blanche de lait avec une teinture de rouge, fleuron large & belle, très beau bouquet bien formé,*

Comtesse de Solms, *jolie blanche tirant au rose, des plus hatives.*

Controlleur Général, *blanc à cœur rouge, beau fleuron large, difficile à cultiver.*

Conseil des Indes, *blanche au dedans rouge feu, joli bouquet, belle.*

Couronne d'Etoiles Blanches, *à cœur violet, gros fleuron bien formé, belle tige.*

Couronne de Salomon, *blanche à cœur rouge tendre, beau fleuron bon bouquet.*

Dame d'Honneur, *blanche à cœur rouge, joly bouquet.*

Dendro Pedios, *blanche entiere double & grande mais basse.*

Don Gratuit, *blanc milieu jaune, très beau bouquet, hative.*

Donna Clarissa, *blanc à cœur pourpre violet foncé, fleuron beau, bouquet passable.*

Donna Margaretha, *blanche à cœur violet foncé, belle couronne de fleurons.*

Druzille, *blanche à cœur pourpre, gros fleuron, bouquet passable.*

Duc de Berry, *blanche à cœur rose, gros beau fleuron, tige haute, très magnifique, hative.*

Duc de Bourgogne, *blanche à cœur violet, fleuron grand, parfaitement plein, bouquet ample, bien hative.*

Duc de Cumberland, *blanche au dedans violet jolie.*

Duc de Gluksbourg, *blanche à cœur rouge, fleuron large & belle, bouquet mediocre.*

Du-

Duchesse de Modene, *blanche melée de violet, beau bouquet de beau fleurons.*

Dulcinea, *blanche cœur jaune, tige superbe, beau fleuron, bon bouquet hative.*

Erfstadhouderesse, *blanc melée de pourpre, fleuron très large & double se bien presentant.*

Erfprince de Naffau Weilbourg, *blanche trois fois plus grande & double qu'aucune autre, superbe.*

Est Plus Ultra, *blanche à cœur violet, très jolie.*

Etât Général, *blanche melée de violet, fleuron large & double, bouquet en piramide parfaite, des plus belles.*

Etât d'Hollande, *blanche à cœur rouge pourpré, bon fleuron, tige garnie.*

Etoile du matin, *couleur de chair, bouquet ample, fort belle hative.*

Feu d'Amour, *blanc dedans rouge, beau fleuron mais tirant en bas.*

Feu Ammarant, *blanc dedans rouge vif, joli bouquet, tardive.*

Fiordespine, *blanche tirant au couleur de chair, mediocrement belle.*

Flavo Superbe, *blanche à cœur jaune, bouquet parfait en piramide de 25 fleurons grandes doubles & bien formés, du dernier beau.*

Flavius Josephus, *blanche melée de pourpre, beau fleuron, couronne parfaite mourant jaunatre.*

Flos Candidus. *blanche pure joli bouquet.*

Fredericus Magnus, *blanche à cœur roze, grand fleuron double, tige bien garnie, magnifique.*

Generaliffime, *blanche, bouquet en piramide superbe.*

Gloria Florum Alba, *blanche pure, gros fleuron, bien double, belle couronne.*

Gloria Florum Suprême, *blanche à cœur rouge, fleuron large double & bien formé, tige haute, bien garnie, superbe, reputée la plus belle de toutes blanches.*

Gloria Fœminarum, *blanche melée de roze, jolie.*

Gloria Hollandia, *couleur de chair au dedans rouge, fleuron grand & beau, tige garnie.*

Gloria Mundi Alba, *blanche avec du violet, gros fleuron, tige haute bien garnie.*   Gou-

Gouverneur de Choify, *blanche à cœur rougeatre,
fleuron grand & libre, tige bien garnie, très belle.*

Grande Blanche Imperiale, *blanc de lait, au cœur
jaunatre, beau fleuron, bouquet ample.*

Grande Blanche Roiale, *toute egale à la précédente, mais le cœur en roze.*

Grand Goliath, *blanche pure, belle tige garnie de
beaux fleurons.*

Grande Magnificence, *blanche à cœur jaune, fleuron gros & double, belle couronne, tige montante.*

Grand Monarque de France, *blanche tirant au couleur de chair, fleuron formidablement grand, tige
forte, couronne ample, en toute facon fuperbe.*

Grande Triomphe, *blanche à cœur jaune, tige haute, bouquet & fleuron paffable,*

Greffier des Etats Generaux, *blanche à cœur couleur
de chair, fleuron très grand large & double, tige
garnie, fuperbe.*

Habit d'Eté, *blanche pure, tige fuperbe garnie de
nombre de fleurons, hative.*

Harpe de David, *blanche à cœur pourpre, gros fleuron, bouquet accomodant.*

Hermine, *blanche pure, très beau bouquet, hative.*

Heroïne, *blanche pure, fleuron exorbitant, forte
tige bien garnie, excellente.*

Hollandia, *blanche melée d'un peu de roze, grand
fleuron.*

Hollandia Liberata, *couleur de chair, très belle couronne.*

Illuftre Beauté, *blanche à cœur rouge, tige montante, fleuron belle, beau bouquet.*

Imperatrice des Ruffies, *blanche à cœur violet, fleuron bien double.*

Joyau d'Harlem, *blanche à cœur rouge, fleuron
double un peu baiffant.*

Joyau d'Harlem Couronné, *blanche à cœur roze,
très beau bouquet.*

Joyau de Salomon, *blanche à cœur violet, très beau
bouquet bien garnie.*

Joyau Imperial, *blanche melée de roze.*

Junon, *blanche à cœur violet, belle tige bien garnie, tardive.*

                          La

La Beauté Incomparable, *blanche melée de pourpre, beau fleuron, grand bouquet en piramide.*

La Belle Gabriëlle, *blanche avec un peu de violet, gros bouquet, fort tendre.*

La Belle Noailles, *fond blanc couvert d'amarante, beau fleuron double, tige montante garnie d'une belle couronne parfaite.*

La Bien Aimée, *blanche à cœur jaune, très beau bouquet, joli fleuron.*

La Cherie, *blanche à cœur bleu celefte, beau bouquet, variation du treforier général bleu.*

La Cour de France, *blanche pure belle tige bien garnie de fleurons doubles.*

La Cour d'Efpagne, *blanche melée de pourpre, grand fleuron bien double, belle piramide.*

L'Admirable, *blanche pure grande tige bien garnie de fleurons particuliers.*

L'Aimable Ruffe, *blanche à cœur roze, grand fleuron, belle tige, couronne ample.*

La Fiancée du Prince, *blanche à cœur jaune, beau fleuron, belle piramide.*

La Joye d'Hollande, *au milieu peu pourprée, haute & belle.*

La Magnifique, *blanche melée de pourpre, gros fleuron bien double tige fuperbe.*

La Monarchie, *blanche, fleuron exorbitant & infiniment double.*

La Princeffe Caroline, *blanche melée de pourpre, fleuron infiniment plein, tendre jolie.*

L'Aftre du Monde, *blanche melée de roze, fleuron grand & double, fuperbe.*

L'Aube du Jour, *blanche hative, joli bouquet.*

L'Autruche, *blanche à cœur rofe, fleuron formidable & belle, un peu baiffant.*

L'Empereur Turcq, *blanche à beau bouquet.*

Liberté d'Or, *blanche à cœur jaune, belle tige garnie d'un beau bouquet de joly fleurons doubles.*

Licentiat, *blanche entiere, beau bouquet.*

Lord Maior, *blanche à cœur rouge, beau fleuron, belle tige fuperbe.*

Louis le Grand, *blanche melée de pourpre, fleuron confiderablement grand, tige un peu foible.*

Ma-

Madame Sophie, *blanche à cœur rouge, joli fleuron tendre & belle.*

Madame de Pompadour, *blanche à cœur rose, beau fleuron grand bouquet, tige foible.*

Marquis de Bade-Dourlach, *blanche à cœur jaune, gros fleuron tige bien garnie.*

Marquize, *blanche à cœur jaune, tige considerablement garnie de beau fleurons.*

Marie Anne, *blanche à cœur rose incarnat, beau fleuron large & double, belle piramide.*

Marie de Medicis, *blanche à cœur rouge, bon bouquet, très jolie.*

Marquis de Marigny, *blanche à cœur rouge, fleuron grand & superbe, très belle.*

Marquize de St. Simon, *blanche à cœur rouge, fleuron parfait, bouquet joly tendre & belle.*

Merveille du Monde, *blanche à cœur vert, gros fleuron très plein, tardive.*

Micromegas, *blanche melée de pourpre, grand fleuron large & double, belle tige bien garnie.*

Mignon de Delft, *blanche melée d'un peu de rose, fleur tendre, beau bouquet.*

Milord Walpole, *blanche à cœur incarnat, jolie, hative.*

Minerve, *blanche pure, belle tige bien garnie, gros bouquet.*

Miroir, *blanche à cœur rose, beau fleuron large & double, belle tige garnie.*

Mont Etna, *blanche à cœur rouge feu, grand bouquet, fleuron baissant un peu.*

Mont Vezuve, *blanche couverte de rouge pourpré, tige superbe, garnie regulierement de nombre de beaux fleurons.*

Muficien, *blanche melée de pourpre, grand fleuron.*

Non Plus Ultra, *blanche couverte de pourpre, belle tige garnie.*

Og, Roi de Bafan, *blanche melée de rose, fleuron plus grand & plus doublé qu'aucune autre, tige forte bien garnie, des plus remarquables.*

Oiseau Couronné, *blanche, fleuron libre & belle, bouquet rond, parfait.*

Oi-

Oiseau de Paradis, *blanche à cœur violet, beau fleuron, tige un peu basse.*

Opera, *couleur de chair mêlé de pourpre, très joly bouquet.*

Optimus, *blanche à cœur violet, fleuron large bien formé, belle.*

Ornement de Parade, *blanche à cœur pourpre foncé, infiniment belle & jolie.*

Palais de Junon, *blanche melée de pourpre, gros fleuron bien double, beau bouquet.*

Palais de Salomon, *blanche melée de pourpre, tige haute superbement garnie d'un grand nombre de beaux fleurons.*

Palais de Neron, *blanche à cœur pourpre, tige un peu foible, nombre de fleurons.*

Palamede, *blanche a cœur pourpre rougeatre, belle tige garnie, beau fleuron.*

Pallas, *blanche à cœur jaune, belle tige, beau fleuron, bon bouquet.*

Paonne, *blanche pure, fleuron libre affez belle.*

Paris de Monmartel, *blanche à cœur pourpre, beau fleuron, piramide superbe.*

Paffe Non Plus Ultra, *blanche à cœur vert, gros fleuron, tige haute superbe, infiniment belle.*

Pavillon Arboré, *blanche à cœur roze incarnat, tige haute superbe.*

Perle d'Amour, *blanche à cœur rouge, belle tige à grand nombre de beaux fleurons.*

Phaëton, *blanche tirant au couleur de chair, très grand fleuron bien fait.*

Pharos, *blanche à beau bouquet bien reglé.*

Pourpre Blanche, *belle tige bien garnie.*

Pourpre Piramide, *blanche à cœur pourpre, jolie.*

Pourpre Roiale, *blanche melée de pourpre foncé, fleuron très doublé.*

Pourpre Sansparcille, *blanche à cœur pourpre, belle piramide.*

Praxinoë, *blanche fleuron libre, très joli bouquet.*

Predominante, *blanche à cœur rouge, tige haute, beau fleuron, tardive.*

Prince de Frise, *blanche melée de rose, cœur incarnat, beau fleuron tendre & belle.*

Prin-

Prince de Turenne, *blanche à cœur incarnat, belle tige garnie de beaux fleurons.*

Princeffe de Galles, *blanche melée de peu de rofe, beau bouquet.*

Pythagoras, *blanche à cœur rouge de feu, beau fleuron, tige garnie, incomparablement belle.*

Regina Alborum, *blanche à cœur rouge, tendre & belle.*

Regina Augufta, *blanche couverte de rouge, belle tige garnie de jolis fleurons doubles.*

Reine Alexandre, *blanche entiere, gros fleuron, grande couronne, belle.*

Reine de Naples, *blanche couverte de beau rouge, tres jolie.*

Reine d'Hongrie, *blanche melée de rofe à cœur rouge pourpré, beau fleuron, belle tige.*

Reine de Suéde, *blanche à cœur pourpre, trèsjolie.*

Reine Helene, *blanche à cœur rouge, belle tige garnie.*

Reine Jocafte, *toute blanche, beau fleuron double, tige baffe.*

Reine Marie, *blanche à cœur pourpre, beau fleuron, tendre.*

Reine Vafthi, *blanche à cœur rouge pourpré, belle tige garnie de nombre de fleurons.*

Roi Admete, *blanche melée de roze, affez belle.*

Roi David, *couleur de chair pâle, beau bouquet.*

Roi de la Grande Bretagne, *blanche couverte de rouge au dedans, fleuron parfait, belle tige garnie.*

Roi du Perou, *blanche à cœur rouge pourpré, tardive.*

Roi Salomon, *blanche à cœur incarnat, parfait fleuron, fuperbe tige, couronne ample, trèsbelle.*

Roi Stanislas Premier, *blanche melée de pourpre, fleuron bien double.*

Roi Stanislas Second, *blanche à cœur rouge, beau bouquet rond.*

Roze Blanche Violette, *blanche à cœur pourpre, tendre & très belle.*

Roze Invincible, *blanche à cœur rouge vif, tige fuperbe garnie de beaux fleurons.*

Ro-

Roze Triomphe de Flore, *blanche à cœur rouge, belle tige haute, beau fleuron, superbe.*

Roze Pourpre, *blanche à cœur pourpre, basse mais tendrement belle.*

Roze Pourpre Dorée, *blanche melée de rose à cœur rouge, particuliere.*

Saturne, *blanche à cœur rose jaunatre, tige longue à nombre de fleurons.*

Sceptre de David, *blanche à cœur jaune, fleuron parfait, large & plein, tige haute superbe.*

Seigneur de Malieberg, *blanche à cœur rouge, jolie & belle.*

Semiramis, *blanche à cœur rouge, belle tige garnie.*

Socrate, *blanche milieu rouge, grand fleuron, tige superbe.*

Stanislas Augufte, *blanche au dedans couvert de beau rouge, beau fleuron, belle tige garnie.*

Toifon d'Or, *blanche tirant au jaune, & à cœur jaune, jolie.*

Triomphe d'Overveen, *blanche à cœur rose jolie.*

Triton, *blanche à cœur pourpre, tige garnie de nombre de fleurons bien formés.*

Trône des Lions de Salomon, *blanche milieu rouge, belle tige, beau fleuron.*

Trône de Salomon, *blanche pure, fleuron large & grand, très belle.*

Trou moet Blyken, *blanche à cœur rose, gros fleuron large & parfait, belle tige, garnie d'une belle couronne, un peu tardive.*

Verfailles, *fond blanc au dedans tout rouge, gros fleuron bien placé, très belle*

Vicomteffe de Rohaoult, *blanc de lait, belle tige, portant nombre de gros parfaits fleurons se prefentant bien.*

Victorieufe, *blanche à cœur rouge, belle tige.*

Virgo, *blanche tige haute à grand bouquet, hative.*

Virgo Veftalis, *blanche hative, belle tige garnie d'un beau bouquet de fleurs.*

Vizir Turcque, *blanche melée d'un peu de rose, affez belle.*

Ja-

Jacintes Doubles & Pleines à Fond Jaune.

Duc de Berry Doré, *grand fleuron large, tige superbe, bien garnie, egalement jaune de paille, très belle.*
Jaune Dorée, *joli bouquet, totalement jaune.*
L'or Vegetable, *beau jaune, affez beau fleuron, tige montante, mais trop peu garnie.*
Ophir, *beau jaune melé de pourpre, fleuron grand & plein, tige montante garnie d'une belle piramide, en toute maniere fuperbe.*

N: B: Pour preferver la couleur à ces fleurs jaunes on les couvre pour les raïons du foleil par un chaperon dès qu'elles s'epanouiffent.

Jacintes Doubles & Pleines à Fond Rouge ou Couleur de Rofe.

Agenoria, *rouge foncé, haute, joly bouquet, tendre.*
Agrement Rouge, *beau rouge, tige haute garnie de nombre de beaux fleurons.*
Aimable Rouge, *couleur foncé, hative très jolie.*
Aimable Rozette, *belle rofe, gros fleuron double joli bouquet, belle.*
Amarante Trône, *beau rouge à cœur pourpre, beau fleuron.*
Amarante, *couleur de chair, beau fleuron.*
Aurore Douce, *belle rouge à beau bouquet.*
Amirauté d'Amfterdam, *belle rofe, beau fleuron, tige à belle piramide.*
Arthur, *rouge, beau fleuron, belle tige montante, hative.*

B₃

Baron de Waffenaar, *rofe à cœur amarante, beau bouquet.*

Beauté Rouge, *belle fleur à tige montante, hative.*

Beauté Supreme, *beau rouge à cœur foncé, fleuron parfait, & tige parfaitement garnie à la ronde, des plus belles.*

Belle d'Hollande, *beau rouge, fleuron double fe prefentant bien.*

Blandine Couronnée, *belle rofe à joli bouquet.*

Brifetout, *rofe melée de pourpre.*

Branche de Grenat, *rofe à joli bouquet.*

Bruydskleed, *belle rofe, beau fleuron, & bonne piramide.*

Calaminte, *belle rofe à couleur de chair, beau bouquet.*

Cardinal de Tencin, *belle rofe à cœur rouge.*

Caroline Augufte, *rofe au dedans foncé, gros fleuron, tige garnie, belle.*

Catarine la Victorieufe, *belle rofe, fleuron très grand, beau bien formé, fuperbe tige montante, bien garnie.*

Chateau de Rome, *rouge feu vif, très foncé, belle.*

Chevalier Catz, *rouge fuperbe, tardive.*

Ciceron, *couleur de chair à cœur rouge, belle tige garnie.*

Colonne de Feu, *rouge des plus foncés, fleuron double, joli bouquet.*

Comête, *beau rouge melé de pourpre, gros fleuron large & plein, tige fuperbe.*

Comte Batthiany, *rofe jolie.*

Comte Rouge, *très foncé.*

Comteffe de Rechteren, *rofe à cœur amarante, fleuron large & rond, bouquet parfait.*

Confeiller Penfionnaire, *rouge à cœur pourpre, beau fleuron, joli bouquet.*

Coralin, *belle rofe tendre.*

Coridon, *rofe à cœur rouge, jolie.*

Couleur de Feu, *beau rouge, tige haute, fuperbe.*

Couronne des Rofes de Flore, *rouge foncé melé de pourpre, tige haute, beau bouquet, fuperbe, hative.*

Couronne des Rouges, *très foncé, beau fleuron, beau bouquet.*

Cou-

Couronne Rofe , *très beau bouquet en piramide.*

Diadème de Flore , *rofe à cœur pourpre , gros fleuron, couronne large , belle.*

Don Rodrigo à Caftro , *couleur de chair à haute tige , joli bouquet.*

Drap Rouge , *belle couleur , jolie tige de fleurons.*

Duchelfe de Parma , *rofe vive à cœur amarante , gros fleuron double , joli bouquet infiniment tendre.*

Etoile Etincellante , *beau rouge vif , très foncé , joli bouquet.*

Gloria Mundi Rubrum , *rofe melée de pourpre , très jolie.*

Gloria Rubrorum , *rouge cramoify vif , des plus foncés.*

Grand Maitre Roial , *couleur de chair , fleuron double non plein , grande fleur , belle couronne.*

Grenat , *rouge à belle piramide.*

Horifon , *belle rofe , tige montante joliment garnie.*

Hugo Grotius , *couleur de chair , très beau bouquet, hative.*

Illuftre Piramidale , *belle rofe rouge , hative.*

Il Paftor Fido , *rouge à beau bouquet , hative.*

Imperator Rubrorum , *beau rouge , fleuron double , belle tige garnie.*

Joyau d'Alfema , *couleur de chair , fleuron extraordinairement plein à trois cœurs , très grande.*

La Beauté Inexprimable , *rofe à cœur pourpre , jolie.*

La Belle Rofe , *beau fleuron , bon bouquet.*

La Coquette , *beau rouge , belle tige garnie.*

La Grande Rofe Roiale , *fleur de pomme , fleuron très large à haute tige.*

La Moderne , *rofe au dedans rouge foncé , beau fleuron large , tige montante , piramide fuperbe.*

La Pucelle Amoureufe , *beau rouge , bon fleuron , belle piramide.*

La Princefle Imperiale , *beau rouge , joli fleuron , beau bouquet , belle.*

L'affemblage des Beautés , *rofe tachetée de pourpre , fleuron large , belle tardive.*

Le Bonheur , *couleur de chair , gros fleuron large , tige fuperbe bien garnie , des plus magnifiques.*

L'empereur Leopold , *couleur de chair à cœur rouge , beau bouquet.*

Leo

Leo Triomphalis, *rouge des plus foncés, joli bouquet de grand nombre de fleurons bien rangés.*

Libertas, *rosé, fleuron large, belle tige garnie.*

Lion Belgique, *rouge très foncé, gros fleuron, infiniment belle.*

Lion Orange, *beau rouge, beau fleuron, beau bouquet, tige basse.*

Lustre de Flore, *couleur de chair, fleuron des plus grands & pleins, particuliere.*

Madame Adelaide, *beau rouge foncé, fleuron alongé, belle couronne.*

Madame de la Valliere, *couleur de chair, beau fleuron, tige haute bien garnie.*

Madame de Maintenon, *couleur de chair, fleuron large & plein, tige bien garnie.*

Madame de montespan, *rosé a cœur pourpre, tige haute, excellente à forcer.*

Maitre d'Artillerie, *rouge à tige haute, beau fleuron, tardive.*

Marquis de St. Simon, *rosé, beau fleuron, belle tige en piramide.*

Marquize d'Anspach, *rosé très belle, beau fleuron large, tige montante bien garnie.*

Marquize de Bonnacq, *beau rosé, fleuron parfait, belle tige garnie à la ronde.*

Marquis de l'Enfinade, *rosé assez jolie.*

Mine d'Or, *rosé vive, melée de rouge à cœur pourpre tacheté, fleuron parfait, forte tige garnie à la ronde, parfaitement belle.*

Monarque du Monde, *rouge tacheté de pourpre, beau fleuron large, tige garnie, des plus belles.*

Mont Hecla, *couleur de chair, fleuron large, tige superbe bien garnie.*

Mont Liban, *couleur de chair, beau fleuron, couronne parfaite.*

Mont Sinaï, *rouge des plus foncés, joli bouquet.*

Moucheron, *couleur de chair, fleuron bien double tige garnie.*

Palais de Flore, *couleur de chair à cœur incarnat, beau fleuron, belle tige.*

Palais de Rome, *couleur de chair, excellent fleuron large, très belle tige garnie, hative.*

Par.

Parhelie Solaire, *rouge foncé mêlé de pourpre, très beau fleuron, fleur tendre & belle.*

Perdrix, *rouge à belle tige garnie d'une piramide de beaux fleurons.*

Perroquet Roial, *rose à belle piramide, fleuron libre, particuliere.*

Perruque Quarrée, *belle rose rouge, fleuron libre, tige superbe garnie d'un ample bouquet.*

Phœnix, *rose, beau fleuron & belle piramide, hative.*

Pilius Cardinalis, *rouge bien foncé, très jolie.*

Piramidale Incarnate, *belle rose rouge à grand bouquet.*

Piramide Agreable, *rose à beau bouquet, jolie.*

Pomme de Grenat, *rose beau fleuron, tendre.*

Pomme d'Orange, *rouge foncé à beau bouquet.*

Primus, *rose, fleuron large & plein, tendre.*

Prince Edouard, *belle rose vive, tige basse.*

Prince Eugene, *belle rose, fleuron libre, aimable.*

Prince de Dessau, *rouge à gros fleuron très plein houpé, tardive.*

Prince Fredric de Bade-dourlach, *rose superbe, fleuron large, belle tige garnie.*

Prince Guillaume Cinq, *rose à gros fleuron plein, beau bouquet très belle.*

Prince Guillaume Premier, *rouge foncé, fleuron large, des plus belles.*

Princesse de Gallitzin, *rose à cœur rouge, fleuron très large & bien formé, très beau bouquet, infiniment belle.*

Princesse Louize, *rose tendre à beau bouquet, jolie.*

Princesse Wilhelmine, *rouge foncé, fleuron large, tige superbe garnie d'une belle piramide à nombre de fleurons.*

Pontife Romain, *rose à cœur incarnat, fleuron gros & large, bon bouquet.*

Regina Rubrorum, *rouge foncé, gros fleuron, basse hative.*

Repos de la Paix, *couleur de chair, gros fleuron plein.*

Rex Rubrorum, *rouge foncé, gros fleuron, bouquet large, magnifique, des plus belles.*

Revizeur Général, *rofe à cœur pourpre, joli bou-quet, infiniment belle.*

Riche Paix, *rofe tachetée de pourpre, gros fleuron large, tige bien garnie.*

Riche Pupille, *rofe mêlée de pourpre, joli bouquet.*

Robin, *couleur de chair, gros fleuron libre.*

Roial Conftantinople, *rouge foncé très vif, haute, excellente.*

Roi Sefoftris, *rofe, gros fleuron, tige bien garnie.*

Romanus, *rouge très belle, beau fleuron, jolie.*

Rouge Cæzar, *foncé, joli bouquet.*

Rouge Charmante, *belle rofe en piramide, beau fleuron.*

Rouge Ecarlate, *joli bouquet, tendre & belle.*

Rouge Eclatante, *beau fleuron, petite fleur tendre.*

Rouge Magnificq, *belle couleur rouge, tige fuper-be, tardive.*

Rouge Pourprée, *très foncé, joli bouquet.*

Rouge Roial, *beau rouge, belle couronne de fleu-rons.*

Rozaline, *rofe à tige haute, beau bouquet.*

Rofe Aimable, *gros fleuron, baffe, affez belle.*

Rofe Blandina, *rofe très belle, joli bouquet, ten-dre.*

Rofe Brillante, *rofe à fleuron large & très belle.*

Rofe d'Angleterre, *couleur de chair, fleuron libre, affez bon bouquet.*

Rofe d'Hollande, *rofe à cœur incarnat, fleuron large, belle tige garnie.*

Rofe de Jericho, *couleur de chair, beau fleuron tige accommodante.*

Rofe de Parade, *rofe cœur rouge, beau fleuron lar-ge, tige fuperbement garnie.*

Rofe de Prince, *rouge à bon bouquet rond.*

Rofe de Princeffe, *rouge à beau bouquet, tardive.*

Rofe de Province, *rouge foncé, belle tige mais très tardive.*

Rofe des Vallées, *rouge foncé, joly bouquet.*

Rofe du Roi, *rouge foncé, beau bouquet, très jolie.*

Rofe Egelantiere, *rofe à très joli bouquet rond.*

Rofe Illuftre, *rouge affez belle, jolie.*

Rofe Incomparable, *rofe, beau fleuron affez belle.*

Ro-

Rose Nonpareille, *rose, joli bouquet, hative.*
Rose Piramidale, *beau rouge, beau fleuron, bouquet ample, très belle.*
Rose Primitive, *rose à joli bouquet, très hative.*
Rose Rouge, *rouge beau fleuron, baffe.*
Rose Sacrée, *rouge, fleuron large & plein, affez belle.*
Rose Sanspareille, *rose belle, bouquet en piramide.*
Rose Sublime, *rose à bon fleuron large, cœur rouge.*
Rose Superbiffima, *rose à cœur rouge, jolie.*
Rose Suprême, *rose palle, fleuron large, tige fuperbe en piramide, belle.*
Rose Surprenante, *belle rouge, beau bouquet, hative.*
Rose Tendre, *rouge vif, beau fleuron, tige fuperbe, très belle.*
Rose Virginale, *couleur de chair, gros fleuron large houpé, belle couronne de grand nombre de fleurons en piramide.*
Seigneur Horneca, *couleur de chair, fleuron large plein, belle tige garnie à la ronde.*
Ste: Genevieve, *couleur de chair, beau fleuron large, bon bouquet, très belle.*
Soleil Brillant, *rouge foncé, beau fleuron, très belle couronne, magnifique.*
Soleil d'Or, *beau rouge, fleuron formidable infiniment plein, tige baffe, des plus eftimées.*
Soleil Levant, *rose rouge, gros fleuron, tige haute, couronne irréguliere.*
Superbe Roiale, *beau rouge, couronne parfaite.*
Superbiffima Rubrorum, *rouge la plus foncée, fleuron large, le bout des feuilles vert, infiniment belle & jolie.*
Syrene, *rose à cœur rouge, beau fleuron large, affez belle couronne.*
Temple d'Apollon, *rose à gros fleuron libre, tige fuperbe, garnie.*
Temple de Diane, *rose à cœur rouge pourpré, gros fleuron, bouquet ample.*
Temple de Salomon, *rouge, beau fleuron large, tardive.*

E 2

The-

Theatre Italien, *beau rouge, fleuron plein, joli bouquet, baffe.*
Theatre Rouge, *beau rouge, fleuron libre.*
Vaticain, *rofe, fleuron large.*

Jacintes Doubles & Pleines à Fond Bleu.

Achilles, *bleu à gros fleuron, tige fuperbe bien garnie.*
Aigle Noir, *pourpre noiratre luftré, baffe tige, joli bouquet.*
A la Mode, *bleu luftré, très beau fleuron, couronne parfaite, hative.*
Alcibiades, *bleu pourpre cœur noir, tige montante fuperbe, belle piramide.*
Alcides, *bleu pourpre, gros fleuron plein, en diminuant au haut de la tige.*
Ambaffadeur, *porcelain gros fleuron large, tige forte bien garnie, fuperbe.*
Amintas, *bleu agate, à beau bouquet.*
Amiral de Ruyter, *beau bleu, gros fleuron, couronne large.*
Amiral Obdam, *bleu porcelain cœur pourpre, joli bouquet.*
Amirauté de la Meuze, *bleu pourpre cœur noir, fleuron parfait, tige garnie.*
Amfterdam Couronné, *bleu pourpre melé de violet, bon bouquet.*
Arc Triumphal, *bleu agate, très belle couronne.*
Ariadne, *bleu pourpre fond noiratre, très beau fleuron, couronne jolie.*
Ariftide, *bleuë, fleuron libre, très beau bouquet, hative.*
Afpafie Pannachée, *agate tachetée de pourpre, beau fleuron large & plein, tige bien garnie à la ronde.*
Attalante, *beau bleu, joli bouquet.*

Atis,

Atys, *bleu porcelain à cœur pourpre, tige montan-te, belle couronne, superbe.*

Baillif d'Amstelland, *bleu pourpre lustré, fleuron large, belle couronne.*

Baillif de Brederode, *bleu pourpre, tige garnie.*

Baillif Gris, *bleu porcelain, variation du baillif d'amstelland.*

Beauregard, *beau bleu à cœur noiratre, beau bou-quet.*

Belle Brunette, *bleu pourpre, fleuron plein, joli bouquet.*

Belle Grideline, *à cœur pourpre, très beau bou-quet.*

Belle Pomone, *porcelain à cœur pourpre, tige bien garnie.*

Bleu Foncé, *noiratre, belle tige garnie de beaux fleurons, superbe.*

Bon Avonture, *bleuë à très beau bouquet.*

Bouquet Aimable, *agate, couronne très belle.*

Bouquet de Fleurs, *bleuë, beau fleuron, belle pi-ramide.*

Brunette Aimable, *bleu pourpre, beau fleuron, bel-le couronne.*

Brunette Amoureuze, *bleu violet, tige montante garnie, bon fleuron.*

Bucentaure, *beau bleu, tige superbe, parfaitement garnie.*

Bucephal, *bleu pourpre, beau fleuron, assez joli.*

Cabinet de Fleurs, *bleu pourpre, fleuron très lar-ge, beau bouquet, tendre.*

Candaulus, *bleu pourpre, joli fleuron, assez belle.*

Cariolanes, *belle bleuë, très belle couronne.*

Cascade, *bleu pourpre, beau fleuron, tige garnie.*

Cedonulli, *bleu pourpre foncé lustré, gros fleu-ron, large & plein, couronne ample, très belle, tardive.*

Celestina, *beau bleu a cœur noiratre, beau fleu-ron, belle tige garnie.*

Charlemagne, *bleu porcelain à belle couronne, fleu-ron double non plein.*

Cid, *bleu pourpre foncé, jolie.*

Climene, *bleu violet, très belle couronne, fort jolie.*

                    Cloë

Cloë, *beau bleu, joli bouquet.*

Colonel Mentzel, *bleu pourpre, tige haute, superbe.*

Comte d'Artois, *bleu pourpre foncé, fleuron large & plein, tige haute bien garnie à la longue.*

Comte d'Eberstein, *bleu à cœur pourpre.*

Comte de Buren, *bleu pourpre lustré, fleuron parfait, très belle couronne.*

Comte de Hanau, *porcelain à gros fleuron.*

Comte de Schwerin, *beau bleu lustré, tige superbe parfaitement garnie, tardive.*

Comte de Welderen, *bleu porcelain, gros fleuron, tige superbe garnie à la longue.*

Comte d'Hollande, *porcelain fond noir, beau fleuron large.*

Conseiller Burgklin, *beau bleu, fleuron très gros & large, belle couronne, basse tige.*

Constantia, *beau bleu tirant au pourpre, très belle couronne.*

Corrigedor, *beau bleu, tige la plus montante, & bien garnie de jolis fleurons.*

Corufée, *bleu porcelain, couronne tissue d'une infinité de fleurons.*

Couronne d'Angleterre, *bleu porcelain, joli fleuron double, bon bouquet.*

Couronne de Dannemarc, *beau bleu, beau bouquet, des plus jolies.*

Couronne d'Etoiles Bleuës, *porcelain à cœur pourpre, très joli bouquet.*

Couronne d'Overveen, *porcelain, fleur assez jolie.*

Couronne du Braband, *bleu pourpre, très beau bouquet, fleuron double non plein, hative.*

Couronne du Roi, *bleu porcelain, très belle couronne.*

Couronne Porcelaine, *belle tige garnie d'un beau bouquet de fleurons.*

Couronne Pourpre, *très joli petit bouquet, fleuron plein.*

Couronne Violette, *assez beau bouquet.*

Czar de Moscovie, *bleu pourpre, fleuron large, se presentant bien.*

Demetrius, *bleu à belle tige garnie.*

De-

Demus, *agate tige montante, garnie à la ronde & au large.*

Directeur Général, *agate cœur violet, fleuron parfait, belle tige garnie.*

Duc d'Anjou, *porcelaine à beau bouquet, gracieufe.*

Duc d'Aquitaine, *beau bleu, fleuron gros & large, couronne grande en piramide fuperbe.*

Duc de Courlande, *bleu pourpre foncé, très belle piramide.*

Duc de Kennemerland, *porcelain, beau fleuron, tige fuperbe en piramide.*

Duc de Luxembourg, *porcelain emaillé de blanc, tige garnie de fleurons demi-doubles.*

Duc de Mecklenbourg, *agate, belle tige garnie, bien hative.*

Duc d'Orleans, *bleu pourpre, hative.*

Duc de Penthievre, *agate, fleuron large, belle piramide.*

Duc de Teffchen, *bleu pourpre, tige garnie au large & à la ronde.*

Duc Louis de Bronsvic, *bleu pourpre luftré, couronne parfaite, excellente.*

Duchelle de Luxembourg, *bleu pourpre, tige fuperbe bien garnie, magnificque.*

Electeur de Mayence, *beau bleu, tige montante hative.*

Electrice, *beau bleu, joli bouquet.*

Endimion, *agate à tige bien garnie.*

Epicharme, *porcelain, bon fleuron, joli bouquet.*

Evêque de Londres, *bleu pourpre, bon fleuron, tige affez garnie.*

Fame de la Paix, *belle agate à beau fleuron plein, piramide ample.*

Faucon Noir, *bleu pourpre foncé & luftré.*

Fleuve du Rhin, *porcelain cœur pourpre, gros fleuron, tige haute mais foible.*

Flore Nigri, *dit* Pompe Funebre, *pourpre noiratre veloutée, ou plutot noire ample, joli fleuron plein, bien fait, tige fuperbe garnie d'une couronne parfaite, entiérement belle & particuliere.*

 Flo-

Flora Perfecta, *bleu à cœur violet, beau fleuron, couronne parfaite.*

Fontaine Bleau, *bleu pourpre, fleuron large plein, à la houpe, grande & belle piramide.*

Fontaine Couronnée, *agate, beau fleuron, très belle couronne.*

Francois Premier, *bleu pourpre, fleuron extraordinairement large & plein, tige superbe, bien garnie, magnifieque.*

Fredericus Rex, *porcelain, belle couronne à la ronde, gros fleuron.*

Fredericus Tertius, *bleu pourpre, tige montante, beau bouquet, hative.*

Frifo, *agate, fleuron large & libre, tige affez garnie, particuliere.*

Georgius Tertius, *agate, fleuron gros, tige superbe.*

Globe Celeste, *bleu pourpre foncé & luftré, fleuron beau & large, belle tige garnie parfaitement à la ronde.*

Globe Terreftre, *porcelain, fleuron infiniment large & plein, couronne parfaite.*

Glorium Florum, *agate luftrée, tige montante garnie d'une couronne entiérement parfaite, fleur tendre.*

Gloria Mundi, *beau bleu tacheté de pourpre, fleuron large & plein a la houpe, tige superbe, garnie d'une vingtaine de fleurons en piramide, reputée la plus parfaite de toutes.*

Gloriane, *belle agate, bon fleuron, très belle couronne ample.*

Gouverneur Général, *porcelain cœur violet, beau fleuron, belle couronne, hative.*

Grand Connétable Colonne, *bleu, fleuron gros & libre, couronne large, tige baffe.*

Grande Merveilleuze, *bleu gridelin, fleuron plein, tige superbe & haute.*

Grandeur Superbe, *bleu à fleuron extraordinairement gros.*

Grandeur Triomphant, *porcelain à fleuron le plus large de tous, très remarquable.*

Grand

Grand Gridelin, *bleuë palle, avec une couronne superbe.*

Grand Jupin, *bleu obfcur cœur pourpré, fleuron très plein.*

Grand Monarque de Pruffe, *agate, fleuron large & très plein, couronne au large & à la ronde, très delicate.*

Grand Roland, *agate, fleuron libre, belle couronne à baffe tige.*

Grand Sultan, *beau bleu, à gros fleuron, belle tige bien garnie.*

Grand Treforier de Bretagne, *beau bleu, affez bon fleuron, tige un peu foible, quoique belle hative.*

Gridelin Aimable, *cœur tacheté de noir, beau fleuron, belle tige garnie.*

Habit des Romains, *violet brun, joli tige affez garnie, particuliere.*

Habit du Roi, *bleu pourpre foncé, beau fleuron, très belle couronne, delicate.*

Harpalus, *bleu pourpre, jolie.*

Hortulanis, *bleu pourpre, joli fleuron plein, très beau bouquet, belle.*

Illuftre d'Hollande, *agate, fleuron très large, tige fuperbe a la piramide.*

Imperator, *gridelin cœur pourpré, joli bouquet.*

Imperatrice Reine, *bleu pourpre, fleuron gros & infiniment plein, large & belle.*

Incomparable, *bleu pourpre luftré, très joli bouquet, fleuron double non plein.*

Incomparable Bruno, *egale à la précèdente, mais plus foncée.*

Indigo, *pourpre noiratre, fleuron gros, tige paffablement garnie.*

Infante la Reine, *agate, beau fleuron, piramide parfaite.*

Joyau du Vegt, *bleu violet, bon fleuron, tige affez garnie.*

Jules Cæzar, *agate à fleuron libre, belle tige garnie, hative.*

La Balaine, *agate palle, fleuron ailé, très belle couronne en piramide, baffe hative.*

La Charmante Violette, *joli bouquet.*

La Grande Belle Pourpre, *des plus foncés, fleuron passable.*

La Grande Violette, *très beau fleuron, couronne bienfaite.*

La Mode Françoise, *bleu pourpre, beau fleuron, belle tige garnie, superbe.*

Landgrave de Sauffenberg, *porcelain, bon fleuron, belle tige fortement garnie.*

La Nobleffe, *porcelain à gros fleuron plein, tige bien garnie, très belle.*

La Plus Belle du Monde, *porcelain, bon fleuron, tige montante, garnie à la longue.*

La Riante, *beau bleu, belle couronne à tige montante, hative.*

Le Bel Ordre, *bleu pourpre foncé, beau fleuron large houpé, belle couronne, delicate.*

L'empereur Amurat, *bleu pourpre, fleuron plein, couronne accommodante.*

L'empereur Antonin, *gridelin à cœur noir, tige montante, couronne jolie.*

L'empereur Conftantin, *porcelain cœur violet, très beau bouquet, bon fleuron.*

L'empereur Joseph, *bleu pourpre, très beau fleuron gros, couronne parfaite.*

L'empereur Thibere, *bleu pourpre, belle tige garnie.*

L'empereur Vitelle, *agate pourprée, beau fleuron, jolie couronne, hative.*

Le Pompeux, *bleu pourpre, gros fleuron, couronne à la ronde, tige baffe.*

Le Respectable, *bleu pourpre, tige superbe très bien garnie en piramide, hative.*

Liberté Couronnée, *agate, beau fleuron, belle couronne.*

L'imperatrice Aspafie, *agate, fleuron gros & plein, tige bien garnie, belle.*

L'imperatrice Zenobie, *bleu pourpre, bouquet joli.*

L'importante, *bleu pourpre luftré, belle tige, garnie de 25 très beaux fleurons à la piramide, en toute façon superbe.*

Linnæus, *brun violet luftré, couronne parfaite, des plus jolies.*

L.i.

Lion d'Hollande, *bleu pourpre, fleuron large, af-
fez belle.*
Lion Pannaché, *pourpre luſtré, très joli bouquet.*
Lionne Pannachée, *approchante au précèdent.*
Lion Veillant, *porcelain à belle couronne.*
Locatelli, *porcelain, fleuron bienfait, tige joli-
ment garnie.*
L'ornement de Bronsvic, *agate, fleuron gros &
large, ſe preſentant bien.*
Louis Quinze Triomphant, *violet brun, très beau
fleuron, tige montante bien garnie.*
Luna, *agate palle, beau fleuron, bouquet paſſable.*
Manteau Pourpre, *joli bouquet, fleuron double non
plein.*
Marchal de Soubize, *beau bleu, fleuron gros & li-
bre, tige garnie en piramide, ſuperbe.*
Marchal de Turenne, *beau bleu brun, beau fleu-
ron, couronne excellente, très belle.*
Marquis de St: Simon, *bleu pourpre, beau fleuron
plein bien placé.*
Mars, *beau bleu, gros fleuron, tige montante.*
Melciade, *porcelain, fleuron large & plein, tige
garnie, tardive.*
Merveille des Fleurs, *très beau bleu, fleuron large
plein, tige ſuperbe.*
Merveille du Monde, *porcelain, fleuron des plus
gros & pleins, bien placé, belle.*
Metellus, *agate, joli fleuron, tige parfaitement gar-
nie en ample piramide.*
Miltiades, *bleu pourpre, bon fleuron, belle.*
Mine de Vitriol, *bleu pourpre foncé & luſtré, fleu-
ron large parfait, jolie couronne bien formée, belle.*
Monarque de France, *bleu, gros fleuron à trois
cœurs, ſuperbe, tardive.*
Negreſſe, *pourpre foncé noiratre, joli fleuron, ti-
ge baſſe.*
Negros Superbe, *violet brun luſtré, bouquet par-
fait, hative, infiniment belle.*
Ninette, *porcelain, joli bouquet.*
Nitocris, *bleu pourpre, bon bouquet, hative.*
Non Plus Ultra, *bleu pourpre cœur noir, très beau
fleuron, belle couronne, baſſe.*

Ol-

Oldenbarneveld, *porcelain, fleuron large & libre, tige montante un peu mince.*

Olimpie, *porcelain, bon fleuron, très belle couronne.*

Ornement de Flore, *bleu cœur pourpre, joli fleuron.*

Ornement de Parade, *agate à cœur violet, beau fleuron, tendre & delicate.*

Ovide, *bleu pourpre foncé, joli bouquet.*

Page d'Honneur, *porcelain, tige montante, garnie d'une infinité de fleurons à la ronde & à la longue, belle.*

Paix Douce, *agate, gros beau fleuron, placé en piramide, non haute mais belle.*

Palais de Salomon, *porcelain, fleuron large se presentant bien.*

Palamede, *agate à très belle couronne.*

Parmenion, *bleu pourpre, très belle couronne, aimable.*

Parnasse, *agate, tige superbe bien garnie.*

Pasquin, *porcelain, gros fleuron, forte tige bien garnie, superbe.*

Passe Non Plus Ultra, *bleu porcelain cœur violet, fleuron extraordinairement large, tige superbe garnie à la ronde, excellente.*

Passe Policrate, *bleu violet à beau bouquet, belle.*

Passetout, *bleu pourpre, gros fleuron plein, grand bouquet, des plus belles, hative.*

Perle d'Amsterdam, *porcelain à gros fleuron.*

Perle de France, *agate, beau fleuron, tige parfaitement garnie, très belle.*

Perroquet, *bleu violet, beau bouquet, fleuron particulier.*

Persée, *bleu pourpre, grande couronne bien formée.*

Phœnix Florum, *beau bleu, fleuron large & beau se presentant bien.*

Pigmalion, *agate cœur noir, très beau fleuron, bouquet joli.*

Piramide Couronnée, *bleu pourpre, couronne bien formée.*

Plenipotentiaire, *porcelain, fleuron libre assez beau, particulier.*

Plu.

Pluto, *bleu pourpre noiratre, foncé & luftré, fleuron & bouquet mediocre.*

Policrate, *bleu violet, affez joli.*

Pompée le Grand, *bleu pourpre, gros fleuron, tige montante bien garnie, fuperbe.*

Pourpre Agreable, *belle couronne, fleur jolie.*

Pourpre de Tyr, *foncé & luftré, mêlé de feuilles blanches, beau fleuron, belle tige amplement garnie, très belle.*

Pourpre Foncé, *très brun noiratre, fleuron plein, tige mediocrement garnie.*

Pourpre Imperiale, *très belle couleur, tige amplement garnie d'une infinité de fleurons parfaitement placés, très belle.*

Pourpre Parnaffe, *foncé & luftré, fleuron large, jolie tige garnie.*

Pourpre Sanspareille, *violet, bon fleuron, tige haute garnie.*

Prince Charles de Lorraine, *porcelain, fleuron très large, excellente.*

Prince de Frife, *porcelain à beau bouquet.*

Prince de Piedmont, *agate, tige fuperbe bien garnie.*

Prince de Lobkowitz, *bleu pourpre cœur noir, joli bouquet, haute.*

Prince Guillaume Quatre, *porcelain, gros fleuron, bouquet large.*

Prince Henri de Pruffe, *porcelain, beau fleuron, belle couronne, jolie.*

Pro patria, *bleu pourpre, beau fleuron fe prefentant bien.*

Protector, *porcelain à tige bien garnie.*

Porcelain Imperial, *tige forte bien garnie à la ronde.*

Rector Magnificq, *bleu pourpre, couronne large.*

Regulus, *bleu pourpre, beau fleuron, tige forte, joli bouquet.*

Reine d'Egipte, *bleu pourpre foncé, très jolie.*

Reine d'Efpagne, *porcelain, gros fleuron bienfait, belle couronne, hative.*

Reine de France, *porcelain, fleuron large, baffe tige bien garnie.*

Re-

Reine des Maures, *bleu pourpre cœur noir, fleu-ron parfait, tige haute, belle couronne.*

Remus, *agate à grande couronne bien formée.*

Représentant, *porcelain, fleuron large, tige forte bien garnie.*

Rex Ethiopicus, *bleu pourpre foncé, joli.*

Rex Indiarum, *bleu pourpre foncé, belle tige garnie*

Rex Negros, *bleu pourpre, tige superbement garnie d'une belle piramide au large.*

Rien ne me Surpasse, *porcelain à cœur violet, fleuron large bien fait, tige superbe, couronne parfaite, des plus belles.*

Roi de Congo, *bleu pourpre cœur noir, fleuron large & beau.*

Roi d'Hongrie, *bleu pourpre, beau fleuron, belle couronne.*

Roi de Maroc, *pourpre noiratre des plus foncés, joli bouquet.*

Roi de Pologne, *porcelain, beau bouquet.*

Roi de Portugal, *porcelain, gros fleuron, tige haute.*

Roi des Jacinthes, *bleu pourpre, fleuron large bien fait, couronne parfaite, très belle.*

Roi des Maures, *pourpre foncé, beau fleuron, belle couronne.*

Roi des Pourpres, *fleuron libre, tige montante.*

Roi Minos, *beau bleu, tige forte, très belle couronne.*

Roi Mirandus, *bleu à grosse tige, garnie de beaux fleurons bien placés.*

Romulus d'Harlem, *agate cœur violet, beau fleuron, tige haute garnie.*

Romulus de Vries, *bleu pourpre cœur noir, beau fleuron, bouquet parfait.*

Rose Bleuë, *beau bleu, bon fleuron, belle couronne, tige basse.*

Ruisseau, *bleu pourpre assez belle.*

Samaritain, *agate cœur violet, gros fleuron, tige haute bien garnie.*

Samson, *bleu pourpre, très large fleuron, & belle couronne au large, excellente.*

Sans-

Sanspareille Pannachée, *agathe pannachée de pour-pre, beau fleuron libre, très bon bouquet, singu-liere.*

Sceptre Porcelain, *joli bouquet.*

Sceptre Roial, *porcelain, beau fleuron, belle tige garnie en piramide.*

Semper Auguste, *beau bleu, fleuron plein se pré-sentant bien, bonne tige.*

Sertorius, *porcelain, fleuron plein à la houpe, bou-quet parfait, excellente.*

Tacitus, *agate à très belle couronne, fleuron dou-ble non plein.*

Teraphim, *beau bleu, fleuron plein se presentant bien, belle tige.*

Tilleul, *bleu pourpre, belle tige, joli bouquet.*

Très Belle, *porcelain à tige très bien garnie.*

Treforier Général, *bleu cœur noir, beau fleuron, couronne parfaite, très belle.*

Trianon, *bleu pourpre foncé, fleuron large & beau, couronne parfaite en piramide, très belle.*

Triomphe Bleuë, *porcelain joli.*

Triomphe du Monde, *porcelain cœur pourpre, beau fleuron, belle tige garnie.*

Triomphe Grideline, *porcelain cœur pourpre, bel-le couronne à beaux fleurons.*

Trône de Minos, *pourpre, fleuron extraordinaire-ment gros, plein a la houpe, basse, tardive.*

Trophée, *porcelain à gros fleuron.*

Ultremarin, *bleu pourpre, jolie piramide.*

Vainqueur, *bleu pourpre cœur noir, gros fleuron.*

Victor Amedé, *porcelain, beau fleuron, belle tige garnie à la longue.*

Violette Piramidale, *bleu violet, tige haute, gar-nie d'une jolie couronne.*

Voilà qui sur Passe, *porcelain à cœur pourpre, beau fleuron.*

JACINTES SIMPLES.

N: B: Comme toutes les Jacintes Simples Blanches & Bleuës estimées produisent une tige forte, garnie d'un grand nombre de fleurons bien Rangés, ce qui en fait une merite bien au dèla de plusieurs Jacintes Doubles & Pleines, ce seroit tout superflu que de les décrire particulierement; elles sont prèsqu'égales en beauté & perfection, ainsi on n'a voulu mettre que les noms, & uniquement ceux de celles qui ont du merite. Pour les Rouges Simples, elles sont cheries pour la couleur, qui orne extraordinairement une belle planche de Simples; n'aïant de reste pour la plus part, ni la forme, ni les perfections des Blanches & Bleuës, quoiqu'étant d'ailleurs fort aimables.

Simples Blanches.

Admirante,	Autruche, *superbe*
Albo Major	Baronesse
Alida	Begguine
Arachne	Belle Amante
Artimizia	Belle Galaté

Bel-

Belle Turquine, *superbe*
Bellinde
Blanc de Crême
Bonne Blanche
Bouquet Formidable
Bouquet Triomphant
Cabinet de Delices
Candida
Caroline
Chevalier de Malte
Clariffe
Coridon
Couronne de Flore
Cygne
Damaret
Dame d'Honneur
Daphne
Dauphin
Dauphine
Duc de Kennemerland
Elevée
Etat d'Hollande
Etat General
Grand Bouquet
Grand Maitre Roial
Grand Vizir
Gravita
Guillaume de Frife, *superbe*
Habit Blanc
Hector
Hero
Jeannette
Jardin de Plaifance
Jolande
La Belle Aurore
La Cadette
La Chartreuze
La Fiancée
La Grandeffe
La Mignonne
La Neige

La Parfaite
La Superbe
La Tendreffe
Leo Belgicus
Liberté
Maitreffe Blanche
Mariamne
Marie
Nobiliffimo
Noble de Venize, *fuperbe*
Nonnain
Paix Douce
Palatin
Palinur
Paon
Parmenion
Paffe Cabinet de Delices
Paffe Dauphin, *fuperbe*
Paffe Eleonore
Paffe Leo Belgicus
Paffe Riche Paix
Paftor
Perfecta
Perlamour
Perle Blanche
Perle d'Orient, *fuperbe*
Perle de Parade, *fuperbe*
Philis
Pigeon
Piramis
Premier Noble
Primat
Princeffe Palatine
Pulcherrima
Pureté
Reine Anne
Reine Chriftine
Riche Paix
Roi David
Seconde Noble
Sephyrus

Sophie	Vainqueur
Thaïs, *superbe*	Virgo
Triomph Blandine, *superbe*	Virgo Veftalis
Typhon	Volumine

Jacintes Simples Jaunatres.

Couronne d'Oudaan	Jaune Nouvelle
Couronne Jaune	La Belle Jaune
Etendart Jaune	Luteo Sulpherino

Jacintes Simples Rouges ou Couleur de Rofe Également très Jolies.

Amarante	Furieuze
Ariadne	Grand Triomph
Atticus	Imperatrice Rouge
Aurore	La Fidelle
Bague d'Or	Le Convenable
Baron de Nederhorft	L'esperance
Bellovezus	Linius
Bouquet Aimable	Lion
Bourbonne	Madame la Cadette
Cardinal	Manteau Ecarlate, *superbe*
Cariolanes	
Chalumeau d'Or	Meffager de Paix
Colonne de Feu	Nepthune
Coquette	Orange Rouge
Couronne de Naples	Origenes
Duc de Holftein	Ornement de Parade
Ducheffe de Holftein	Ornement de Velze
Feu Brillant	Ornement Rofe
Feu Violent	Pavillon Sanguinaire, *superbe*
Four Ardent	

Pin-

Pinçon d'Or
Poitrine Rouge
Princeffe Rouge
Princeffe Augufte
Princeffe d'Orange
Reine de Pruffe
Reine Rouge
Robin
Rofe Admirable
Rofe Aimable
Rofe Bouquet
Rofe Cherie
Rofe Delicate
Rofe de Provence
Rofe du Roi
Rofe Elegante

Rofe Incarnate
Rofe Jolie
Rofe Naturelle
Rofe Pretieufe
Rofe Princeffe
Rofe Sanguinaire
Rofe Superlative
Rofe Sublime
Rozalia
Rozanie, *belle couleur de chair*
Rubans d'Or
Rubis Brillant
Sang de Bœuf
Trompette d'Or
Unicorne

Jacintes Simples Bleu-Pourpres.

Afrique
Africain
Aglauros
Aimable Vainqueur
Alaric
Alcinous
Aquario
Arabier, *fuperbe la meilleure de tous*
Artabane
Æmilius, *fuperbe*
Bacha de Bulgarie
Bacha de Cairo
Bacha d'Egipte
Belle Ameriquaine
Boniface
Bouquet Formidable
Bruno, *fuperbe*
Carthefius
Chapeau Pourpre

Colonel
Clovis
Comte de Buren
Comte de Lottum
Couronne Brune
Couronne de l'Europe
Couronne de Pologne
Couronne de Suéde
Couronne Pourpre
Cuiraffe Luifante
Dauphin, *fuperbe*
Don Antonio
Duc de Bretagne
Duc d'Orleans
Duc de Weimar.
Egezippe
Electrice
Ettime
Etat d'Hollande
Etat General, *fuperbe*

Eve

Eveque
Eveque de Liege
Eveque Roial
Faifant
Faucon Noir
General Groveftin
Grand Jupin
Grand Mogol
Grand Negre , *fuperbe*
Grotius
Habit Pourpre
Imperial Major
Indigo
Indigo Guatimalo ,
  fuperbe
Indiën
Indiënne
Jeune Maure
Jolicœur
Joyau Roial
Juvenal
La Dauphine
L'africaine
L'empereur François
Leopold
Magnates , *fuperbe*
Marquis
Maure , *très brun*
Metropolitain
Mignonne Brune
Miroir
Non pareille

Otton
Ours Grimpant
Parmenion
Paffe Afrique
Paffe Aquario
Paffe Dauphin
Paffe la Dauphine
Paffe Non Plus Ultra ,
  fuperbe
Paffe Radamant , *fuperbe*
Paffe Roi des Indes
Paffe Weimar
Pavillon Couronné
Pourpre Imperial ,
  fuperbe
Pourpre Incomparable
Pourpre Parfait
Prætor
Profeffeur
Prince Heraclie , *fuperbe*
Proferpine
Radamant
Roi de Naples
Roi des Indes
Romulus
Saladin
Tantalus
Turnus
Verge de Lit
Viceroi de Naples
Violet Magnificq
Violet Surpaffant

Jacintes Simples Bleu-Pourcelaines ou Agates.

Agate Roiale , *fuperbe*
Agate Superbe

Agate Superlative
A la Mode

Alexi-

Alexius
Almanzor
Alphonſus
Amphitrion
Attalante
Belle Parade
Bouquet Joly
Bouquet Pourcelain
Charmante Pannachée
Cincinnatus
Columbus
Comble de Gloire
Couronne Agate
Couronne de David
Couronne de Salomon
Couronne de Waſſenaar
Couronne Grande
Couronne Renommée
Delicieuſe
Dom de Cologne
Dom d'Utrec
Etendart Vainquant
Euripide, *ſuperbe*
Euterpie
Excellente
Florimond
Général Beerenclau
Général Bellille
Général Nadaſti
Grand Alexandre
Grand Duc
Grand Javan
Grand Ottoman
Heros Pannaché, *blanc & bleu*
Hizipole
Hollandia
Imperator Pannaché, *blanc & bleu*
Infant Roial
Irréprochable, *ſuperbe*
Joyau d'Amſterdam

La Balaine
La Belle Gabriëlle
Lactance
La Delicateſſe
La Grandeur, *ſuperbe*
Lavinia
L'empereur Theodoſe
Leontius
Livia
Lucian
Matador
Mignonne
Mon Choix
Nepos
Ornement de Parade
Paris
Paſſe Delicieuſe
Paſſe Gabriëlle
Paſſe Gratieuſe
Paſſe Hollandia
Paſſe Joab
Paſſe Joly
Paſſe la Grandeur, *ſuperbe*
Paſſe Sultan
Pegaſus
Perſée
Perdiccas
Pharos
Piſiſtrate
Pitias
Porteur de Couronne
Porteur de Couronne Roiale, *ſuperbe*
Plus Grand que Grandeur
Pourcelain Chinois
Pourcelain de Delft
Pourcelain Fond Noir
Pourcelain Imperial, *ſuperbe*
Pourcelain Parfait
Pourcelain Roial

Pour.

Pourcelain Sanspareille	Roi David
Premiër Etendart	Roi de Floride
Premier Noble	Roi Guillaume
Prince de Frife	Sans Deffauts
Prince de Pruffe, *fuperbe*	St: Martin
Prince des Fleurs	Theodofe
Pro Patria	Tullie
Publius	Zoïlus
Pucelle de Dort	

J'aurois pu augmenter cette Lifte par les Noms de fortes affez belles, mais inferieures à celles-ci; mais j'ai cru que ceci fuffifoit, jusqu' à ce que de nouvelles fortes paroîtront fuccèffivement : cependant il faut bien que l'on n'attend pas de beaucoup plus belles.

CHAPITRE VIII.

Maniere de cultiver avec fuccès les Oignons de Jacintes.

IL eft queftion à préfent d'entrer dans le fonds de mon Ouvrage, c'eft-à-dire, de traiter véritablement de la culture des Jacintes. Elle confifte en deux points, fçavoir, la voie de la Semence, & la voie de l'Oignon. Il fembleroit d'abord que je devrois parler du premier, mais point du tout; il convient que je commen-

mence par le dernier. Il eft le plus important, je pourrois même dire que la
Fleur & la Semence lui devant le jour,
il eft la principale partie fur laquelle doit
rouler ce Traité. Je m'imagine même qu'
on le regarde comme quelque chofe de
plus réelle que la femence. Quoi qu'il
en foit, je m'étendrai fur ces deux manieres de cultiver les Jacintes, & elles méritent toute notre attention. La premiere
chofe à Regarder c'eft la terre. On en
trouve partout; en voici les qualités générales, pierreufe ou pleine de craie, argil-
leufe, fulphureufe, & fablonneufe. La
premiere eft malfaine à la Jacinte, la feconde ne l'eft pas moins, quoiqu'en général prefque toutes les autres Fleurs s'y
plaifent; la troifiéme n'eft pas reputée
plus propre, ceqendant elle eft préférable
aux deux premieres, & j'ai vu cultiver la
Jacinte avec fuccès aux environs d'Amfterdam où tout le fond eft fulphureux. Enfin la terre fablonneufe eft la plus propre,
pourvu qu'on ait foin d'en ôter le fable
rouge, le jaune, le roffe, & le maigre;
le meilleur eft le gros quand il eft un peu
gluant, & qu'il ne fe convertit pas en
poufliere jaune à mefure qu'il fe féche. Cette terre fablonneufe eft de couleur grife
F 4

ou

ou fauve noirâtre ; l'eau qui en degoute eſt douce. Tel eſt naturellement le terrein des environs de Harlem, & l'expérience prouve que c'eſt le meilleur de tous les terreins pour les Jacintes.

2. Il faut aider la nature en améliorant la terre. La Vaſe & la Bourbe qu'on tire des Foſſés & des Viviers, n'y ſont pas propres, encore moins celles des Puits ou des Caves profondes, les unes & les autres ſont trop froides pour la Jacinte, qui demande une terre bien travaillée. J'ai connu un grand Amateur qui s'eſt furieuſement trompé en croyant que la terre d'un Puits profond ſeroit bonne à ſes Jacintes ; il a eu le deſagrément de détruire une Collection ſuperbe & dont la perte eſt irréparable. Quoique le fumier de Cheval, de Brebis, & de cochon puiſſe faire avancer une Fleur, il n'en faut point faire uſage, autrement il viendra à l'Oignon une eſpéce de Chancre qui eſt mortel. Je condamne auſſi toutes ſortes de Poudrettes, de terres d'égout & généralement tous les préparatifs chimériques. Le meilleur fumier c'eſt celui des bêtes à corne. Il n'y a point d'ingrédient auſſi bon pour préparer la terre. Il eſt ſeul ſuffiſant. Tout autre mêlange eſt obligé de lui ceder. On peut

s'en

s'en fervir fans danger. Après ce Fumier vient celui de Feuilles d'arbres bien confommées, enfuite celui de Tan, quand il eft affez réduit pour n'être que terre. Ces fumiers même font excellens. Il y a des gens qui ne fe fervent point du tout de terre. Ils préferent une compofition fimple de fumier compofée moitié de celui de Vache, & moitié de celui de Tan ou de Feuilles bien confommées. Quand elle eft bien mariée, ce qui n'arrive que par le foin qu'on a eu pendant deux ans de la bien travailler, elle donne une matiere dont l'ufage eft infaillible. Parlà, (il faut bien y faire attention,) on fçait fuppléer au fable gris. Il eft encore bon d'avertir que cette compofition ne réüffiroit pas, fi avant que de la faire, le Tan n'avoit pas été tiré des puits deux ans auparavant, & s'il n'étoit pas déja à moitié confommé. Faute de Tan, je confeille les Feuilles d'arbres.

Voici ce qui fe pratique en Hollande pour cette Compofition. On prend deux fixiémes de fable gris ou fauve noiratre, trois fixiémes de fumier de Vache, & un fixiéme de celui de Tan ou de Feuilles. Il n'y a pas de doute à choifir plutôt le fumier frais que celui d'un an. Celui-là fe confume plus vîte & fe marie mieux. La

F 5

ver-

vertu en eſt cependant égale. Le monceau de cette compoſition ſe fait auſſi é-
tendu & auſſi peu élevé que le terrain le
permet, pour que le Soleil le pénétre
mieux de ſa chaleur; & pour le rendre
mieux ſuſceptible des parties nitreuſes de
l'air, on met les matieres par couches;
ſix mois ſe paſſent ſans qu'on y touche,
ſinon pour en ôter les mauvaiſes herbes,
pendant qu'elles ſont encore jeunes, &
avant qu'elles tirent de la nourriture du
monceau. Après quoi pour le rendre parfait, on le remue toutes les ſix ſemaines,
& on le travaille de façon que tour à tour
il ſent le ſoleil & la pluie. On n'a point
de regret de ce que ce remuement reïte-
ré empêche qu'on n'en retire du profit,
en y ſemant des légumes, parce qu'on
ſçait que ce ſeroit fruſtrer les Jacintes d'u-
ne nourriture qui leur eſt deſtinée. J'obſerve ici que le tems de cette derniere
opération, je veux dire, de ce remuement, n'eſt que de ſix mois, & qu'ainſi
on peut mettre en œuvre cette terre pre-
parée un an aprés que le monceau en a
été fait. Il n'en ſeroit pourtant que mieux
ſi on le laiſſoit repoſer douze mois de plus,
& même cela eſt néceſſaire, ſi lorſque
vous l'avez formé, votre fumier étoit de

ſix

ſix mois ou de plus. Qu'on ne compte pas que cette compoſition laiſſée tranquille pendant plus de deux ans devienne meilleure. La troiſiéme année elle eſt encore bonne, mais elle n'a plus aſſez de force pour qu'on puiſſe y hazarder une ſeconde récolte, c'eſt-à-dire, y replanter des Jacintes pour la ſeconde fois, ce qui ſeroit poſſible ſi la compoſition ou le terreau n'avoit que deux ans. On n'a que prendre ſoin après avoir levé une premiere fois ſes Oignons de tirer la Terre de la couche, de l'expoſer au ſoleil, de la remuer, & de lui donner de l'air. C'eſt de ce Terreau ou de cette compoſition qui a ſervi à une premiere récolte de Jacintes, dont on ſe ſert ordinairement pour les Tulipes, les Renoncules, les Anémones & les Auricules. On n'en fait point d'uſage pour les Oeillets parce que l'expérience a prouvé que la Jacinte y donne une qualité qui leur eſt contraire. On voit bien que j'adopte ici la maxime des jardiniers & des laboureurs de ne pas faire ſervir deux années de ſuite une terre à une même choſe.

Il eſt notoire qu'une terre épuiſée par des légumes a encore des ſels ſuffiſans pour les arbres, & que celle épuiſée par les arbres eſt encore bonne pour les Fleurs &
au-

autres Plantes. Ainſi quand on formera un monceau de fumier pour des Jacintes, on fera bien de ſe fervir de la terre d'un potager, où depuis longtems il n'y aura point eu de Jacintes. Voici une regle contre laquelle la plupart des Amateurs ſans expérience ou peu exacts font accoutumés de pecher, elle regarde le choix de la place où l'on fait ſa compoſition de terre, c'eſt ordinairement l'endroit le plus reculé du jardin ou à côté de la porte que ſe trouve le monceau, & par conſequent preſque entierement hors de l'expoſition du Soleil; mais c'eſt une erreur groſſiere; le fumier s'y conſomme moins bien & moins aiſément, d'autant plus que la Jacinte ne ſe plaît jamais mieux que dans une terre qui a été bien échaufée par le Soleil. C'eſt pour cela que j'ai recommandé de la tourner & remuer ſouvent, c'eſt pour cela auſſi que je ſouhaite que tout Curieux circonſpect choiſiſſe la meilleure place de ſon Jardin, ou du moins celle qui eſt la plus expoſée au Soleil pour faire ſa compoſition. Je dois avertir que bien des gens ont perdu le fruit de toutes leurs peines faute de prendre cette précaution, mais qu'en transportant leur monceau du Nord au Sud ils ont mieux réuſſi.

Par-

Parlons à préfent de l'expofition de la planche où l'on doit planter les Jacintes. A plufieurs égards l'Orient & le Midi paroiffent indifférens, en effet il y a moins à craindre du Soleil, à l'Orient, il ne donneroit pas fi directement fur la planche; l'expofition du Midi a d'un autre côté des avantages; en hiver les vents du Nord & de l'Eft s'y trouvent un peu combattus. Il eft pourtant vrai que la plupart des Fleuriftes fe determinent pour le Sud; parce que le parafol s'y laiffe pofer plus naturellement qu'a l'Orient. Il faut défendre la planche de la force des Vents foit par un bâtiment ou par une haie, placés à une certaine diftance fuivant l'expofition qu'on lui a donnée; autrement la fane de la plante deviendroit trop grande, les Fleurons petits & la piramide en feroit gâtée, ou à caufe de la réverberation des rayons du Soleil, la Fleur ne dureroit pas fon tems ordinaire. Il ne faut point qu'il y ait d'arbres auprès de cette planche, l'eau qui en degoute eft pernicieufe; d'ailleurs leurs racines venant à s'étendre, elles alterent la Nourriture des plantes, & l'air n'y pouvant pas jouër facilement, la plante & la Fleur manquent de Force, les Oignons ne prennent pas fuffifament de groſ-

groſſeur: auſſi un jardin entouré de grands Edifices de tous les côtés ne convient-il point à la Jacinte, ou bien il faut qu'il ſoit bien grand. Une choſe que j'aurois encore du dire, c'eſt qu'il eſt à propos que le Terrein en ſoit élevé & ſec, de façon qu'en hiver ſurtout l'eau n'y ſéjourne pas. Cela ne veut pas dire qu'il faille qu'en Avril ou Mai il ſoit auſſi ſec que de la cendre. Il ne nourriroit pas aſſez la plante, d'autant plus qu'il n'eſt pas d'uſage d'arroſer les Jacintes. Une eau dormante eſt mortelle à cette Fleur, il faut renoncer à un jardin qui en eſt infecté, ou bien élever aſſez la partie, qu'on deſtine aux Jacintes pour que les Oignons n'ayent que l'humidité néceſſaire. Cette precaution eſt extrémement favorable aux Fleurs, même ſur des terrains aſſez ſecs; c'eſt un moyen ſur de leur donner de l'éclat.

La planche ainſi placée, on la ſoutiendra de 4 Ais de deux pouces d'épaiſſeur, celle de derriere de la hauteur d'un pied & demi au deſſus du ſol, celle de devant d'un demi pied & celles des côtés ne ſurpaſſeront point la hauteur de celles de derriere & de devant: je me reſerve à en donner ailleurs les raiſons.

On fera bien de planter ſes Fleurs au
mois

mois d'Octobre; fi on s'y prend plutôt, la faifon feroit encore rude au printems lorsque les Fleurs pouffent. Plûtard elles feroient maîgres & moins pleines. Il y a un autre inconvénient, fi on ne plante qu'en Décembre, les racines qui deviennent extrémement groffes empêchent l'Oignon de croître & l'amaigriffent.

Ceux qui ne fuivent pas les loix à la lettre adoptent fouvent les Mois de Septembre & de Novembre pour planter. Si l'on me demandoit mon avis, j'opinerois pour le dernier; les défauts de l'Oignon font plus aifés à connoître, au lieu qu'en Septembre ils le font moins, & d'ailleurs ils pourront affez bien croître, fleurir & figurer fur la Terraffe.

A l'égard de la profondeur qu'il faut planter, les fentimens font partagés. L'ufage ordinaire eft à 4 ou 5 pouces de terre, on donne plus de profondeur à quelques fortes d'Hatives, & moins à quelques fortes de Tardives pour que les unes & les autres puiffent fleurir à peu près en même-tems, autrement la Fleur des premieres feroit prête quinze jours plutôt que celle des fecondes. Je dis 4 ou 5 pouces, parceque fi vous plantez plus avant, votre Fleur fera maigre, la force fe perdra

avant

avant qu'elle fe montre, & elle ne pourra devenir parfaitement pleine. Plante
t-on moins avant l'Oignon pullule extraordinairement, & au lieu de fleurir quatre, cinq ou fix fois, au bout de 2 ou 3
ans il fe trouve épuifé & hors de combat.

· Ce que je puis dire fur la pefanteur d'un
Oignon fe réduit à ceci. Celui qui pefe
une once à une once & demi, fleurit
pour l'ordinaire le plus parfaitement, bien
entendu fi on le cultive comme il faut, je
dis pour l'ordinaire, parce qu'il y a des
Oignons qui ne groffiffent jamais affez
pour pefer une once. Il s'en trouve qui
pefent jufqu'à deux onces & demi, alors
ils font au *nec plus ultra*, & ils peuvent
encore fleurir 5 ou 6 fois. J'en ai eu qui
ont duré 13 ans avant que s'épuifer par
la propagation. Je puis dire que l'Oignon de Jacinte ne meurt point de vieil-
leffe, puifque tout ufé, il fe reduit enfin
en Cayeux: s'il meurt, c'eft par accident.

Si je n'écrivois que pour ceux dont le
but tend uniquement à voir des Fleurs dans
leurs jardins, je n'aurois plus rien à dire
fur les précautions qu'il faut prendre pour
planter; mais comme c'eft pour les Curieux, qui font des obfervations fur tout ce
qui

qui fe paffe, & qui regardent comme agréable ce que les gens qui ne font pas portés d'une veritable inclination, prennent comme pénible, je n'omettra pas ici qu'il eft du devoir d'un Amateur, qui veut former une planche de parade, de faire choix parmi tous fes Oignons ou parmi toutes fes fortes les plus eftimées, de ce qu'il lui en faut; il ne s'en tient pas même au nombre jufte, il eft en état à un fecond examen & avant que de planter, de mettre au rebut ceux qui pourroient être un peu défectueux. S'il n'a pas employé tout ce qu'il avoit de beau, il fe fert du furplus à garnir des pots, qui lui font utiles à fuppléer en cas de befoin à quelque événement imprévu. Son choix fait, il plante fes Oignons dans le tems qu'il s'eft propofé, & il garde entre chaque Oignon une diftance proportionnée à l'étendue de fa planche. Ce n'eft pas qu'il foit abfolument néceffaire de les éloigner beaucoup les uns des autres ou de les planter épais; cela eft affez indifferent. La Jacinte fe préte à tout, j'en ai la preuve, bien entendu quand la terre eft bien préparée. Je fuppofe que dans le choix qu'on fera de fes Oignons, on aura foin qu'il y ait autant de Jacintes Bleuës que de Blanches & Rou-

G

ges;

ges ; & si ce sont des Jacintes simples, je conseillerois deux tiers de Bleuës, parceque le Blanc & le Rouge n'y tranche pas assez. Le vrai Curieux ne néglige pas de faire faire une sorte de Layette plate oblongue remplie d'autant de cases qu'il a d'Oignons à planter, c'est son modèle, il prend cette précaution pour ne se point tromper. Voici les proportions qu'il observe ; sur une planche de 30 pieds de longueur & de 4 pieds de largeur, il mettra cinq rangs & 40 Oignons dans chaque rang, & ainsi à proportion d'un plus grand ou plus petit Terrein ; son scrupule va jusqu'à planter très régulierement, parce qu'il sçait que rien ne défigure davantage une planche que l'irrégularité. On y trouve toujours une jacinte bleue à côté d'une blanche ou rouge, & une blanche ou rouge à côté d'une bleue. Si un Connoisseur ou un Amateur est parfaitement au fait de toutes ses sortes, celles qui montent le plus rempliront le haut de sa planche, celles qui viennent moins grandes seront pour le bas, & les plus belles & les plus excellentes pour le milieu. Celles qui sont inférieures revélent celles qui sont capitales ; par exemple entre le bleu agate & le Bleu foncé, rien de plus charmant que

d'y

Fol. 99.

d'y voir du blanc ou du Rouge au milieu.

Je fuis d'avis qu'on divife fa Layette de façon qu'on y puiffe placer fes Oignons en Echiquier; la planche en fera plus belle. Pour qu'on me comprenne plus facilement & à l'égard de la forme exterieure de la planche, & à l'égard de la diftribution de la Layette en queftion, en voici la figure ci-joint en taille douce.

Je le repete, quand on fait le triage de fes Oignons, quand on met fes Oignons dans fa Layette, il faut avoir grand foin de rejetter tous ceux qui n'ont pas acquis toute leur groffeur; comme auffi ceux qui font deja ufés ou Amaigris. Si on fe néglige fur cela & que quelques belles fortes d'Oignons ne foient parvenus qu'à moitié de leur groffeur, ils ne répondront pas au but. C'eft une faute que de planter cette planche avant le 8 ou 10 Octobre, la vifite des Oignons le demande, on le verra dans la méthode que je donnerai, en traitant des maladies des Jacintes. Nous fommes convenus qu'il falloit choifir exactement les Oignons de grande efpérance, j'ajoute que le dernier examen feroit bien difficil, fi on vouloit trop l'accélérer.

Lorfqu'on eft fûr que les Oignons font fains, on porte fa Layette auprès de fa

 Plan-

Planche. Quoiqu'on puiſſe planter quand il pleut, on ne laiſſe pas de choiſir un beau jour pour faire les choſes plus proprement. Je ſuppoſe que quelques ſemaines auparavant ou aura porté ſa terre préparée dans la planche, à la profondeur de deux pieds, qu'en même tems on l'aura remuée, & qu'aujourd'hui on en aura tiré environ *ſix pouces d'épais*. La terre bien unie, on y trace des lignes pareilles à celles de la Layette, on poſe ſes Oignons dans la place qui leur eſt deſtinée: c'eſt alors que les Curieux ſe repaiſſent agréablement de la vue avenir de leurs Fleurs. Enſuite on fiche encore les ſortes hâtives à deux pouces; ainſi que pour les tardives on rehauſſe à chaque Oignon la terre à deux pouces.

Comme on a connu l'abus de ſe ſervir de ſable pour garantir ſes plantes des vers, il n'eſt plus d'uſage; & même celui qu'on tire d'un endroit profond eſt pernicieux. On couvre avec circonſpection les Oignons de la terre qu'on a tirée de la planche, on la rend bien unie, & alors l'opération de planter eſt finie; on ſe tient enſuite tranquille, & on ne fait rien qui puiſſe garantir ſa planche de la Pluie, ou de tout ce qui peut tomber du Ciel. Cela

la fait un relâche de 4 mois, tout ouvrage cesse : il n'appartient qu'à un Curieux
recherché de se procurer du plaisir pendant cet intervale.   Il me semble le voir
repasser de tems en tems la liste des Noms
de ses Fleurs conformement à l'ordre de
sa Layette, il me semble distinguer sur
son visage des traits qui annoncent le plaisir dont il est affecté.

Je passe à présent aux petits soins qu'il
faut avoir pour la Jacinte à l'abord de l'hiver.   Cette Fleur en demande moins que
la Renoncule, l'Anémone, la Narcisse-
bouquet &c. qui sont de beaucoup plus
sensibles qu'elle au froid, & qui n'en peuvent presque supporter aucun; mais elle
en demande plus que les Tulipes & les
Auricules qui, plus fortes qu'elle, affron-
tent pour ainsi dire les plus grandes gelées.   Pour un froid modéré la Jacinte
peut le supporter, quand elle est en terre,
mais devient-il fort, gare les racines, elles se gâteront, l'on verra bientôt la plante, après avoir mis à profit tous les sucs
de l'Oignon & avoir cru de la hauteur
d'un pouce hors de terre, s'affoiblir & se
flétrir, sans autre raison qu'un défaut dans
les racines gâtés par la gelée, & qui n'auront pu fournir de nourriture.

G 3

Pour

Pour n'avoir point tel accident, on ne peut fe difpenfer de couvrir la terre de feuilles d'arbres ou de Tan, 2, 3 à 4 pouces fuffiront, ou de paille: ou aura foin de l'ôter au premier Mars. Eft-on parvenu à ce tems, il n'y a plus rien à craindre des gelées d'hiver. Mais comme la Fleur de Jacinte eft plus fenfible aux nuits froides du Printems que la Plante à la gelée de l'hiver, il y a des précautions à prendre pour défendre l'une & l'autre tout-à-la fois. Aulieu de la couche de Feuilles d'Arbres, de Tan ou de paille que je viens de prefcrire, les Curieux fe fervent avantageufement de volets ou planches: ils en forment des fenêtres dont les pentures s'enclavent dans des gonds dont la caiffe de la planche eft armée; au cas de froid pendant l'hiver ils ferment ces ef-péces de fenêtres, & vient-il des gelées ou des froids plus confidérables, on a recours à des moyens plus efficaces, comme feuilles d'Arbres, Tan ou terre; on en fait un mur tout à l'entour de la caiffe de l'épaiffeur d'un pied. On eft fûr par là d'empêcher les Vents aigus d'y pénétrer. Je dois pourtant dire ici qu'un froid qui ne fe fait fentir que jufqu'à deux pouces dans la terre n'eft pas contraire à la

Plan-

Plante, & que ce n'est même pas un mal
de laisser sa caisse ouverte au milieu de
l'hiver, si l'on est probablement sûr qu'il
ne viendra pas de grandes gelées: le mois
de Mars venu, on ôte le mur de Feuilles
d'Arbres, ou de Tan ou de Terre; mais
les volets font leur office pour garantir la
planche & du froid des nuits, & de celui
du jour, & même de la grêle. Les Volets
au contraire ne rendroient aucun service si
l'on s'en servoit pendant le tems de la rofée, qui est fort saine pour les Fleurs.
C'est pour cela qu'on est attentif à ne faire usage le soir de ces volets que le plus
tard que l'on peut. & à les ôter le matin
d'aussi bonne heure qu'il est possible. Il
ne paroît pas nécessaire de dire qu'il faut
avoir tous ces égards pour la Jacinte, jusqu'à ce qu'on n'ait plus rien à craindre du
froid. En Hollande, on s'en fait un devoir jusqu'au 20 d'Avril. S'en dispense-
t-on indiscrétement, malgré tous les soins
qu'on s'est donné pour les Jacintes on é-
prouvera que la Fleur est extrêmement susceptible de la contagion du froid, relativement à ce que la substance est pleine de
sucs. Mais le malheur nous poursuit-il
assez pour être surpris, il faut s'en conso-
ler; le coup ne porte que sur la Fleur,

                       &

& l'Oignon n'en eft point retardé. Dès qu'on s'apperçoit que les volets font au point d'empêcher la tige de croître , il faut les renouveller par de plus élevés qu' on ajoute & qui fervent comme les premiers. Si on fait attention aux inconvéniens qui pourroient arriver faute d'ôter les planches qui auront monté ou rendu plus haute la caiffe, je fuis fur qu'on n'y manquera pas. Ces inconvéniens, à dire vrai, font grands; car fi on laiffe les nouvelles planches, la plus baffe ou méridionale détourne le Soleil, & la plus haute ou feptentrionale donne une réverbération auffi pernicieufe que celle du mur ou clôture dont on s'eft méfié en pofant la planche.

La Jacinte n'eft pas en état de refifter aux Tempêtes ; elle les craint d'autant plus, que fa tige eft fort aqueufe, & qu'elle porte un gros bouquet. Il lui fant du fecours; il y a différentes manieres de s'y prendre pour lui en donner. La meilleure eft de fe fervir d'un petit bâton bien droit & bien uni de Bois qui foit fouple, de la longueur de deux pieds & de la groffeur d'une plume d'Oie, on l'enfonce à une profondeur raifonable pour lui donner du foutien, & auffi près de la Plante qu'il

eft

eſt poſſible, ſans toutefois toucher à l'Oignon ou du moins ſans y toucher juſqu'à le bleſſer; le tort qu'on lui fera ne pourra jamais être grand, car je ſuppoſe qu'on ne forcera pas. Enſuite on embraſſe à volonté la tige & le bâton d'un fin fil verd que l'on paſſe au deſſus du plus bas Fleuron afin qu'il ne puiſſe pas tomber & qu' on arrête en faiſant un nœud. Je dis à volonté , parce qu'il faut que la Fleur puiſſe être agitée commodement cà & là, & que le fil puiſſe monter autant que la Jacinte deviendra plus grande. Il y en a qui nouent d'abord ce fil au bâton, qui enſuite en embraſſant la fleur & font un ſecond nœud; mais c'eſt erreur, un ſeul ſuffit pour tout & cela vaut mieux. D'autres ſe ſervent, au lieu de ces petits bâtons, de fil de fer épais ou de bâtons quarrés qu'ils mettent à un certain éloignement de la plante. Dans l'un ou l'autre cas ſi la Jacinte devient fort grande, on met un ſecond fil qu'on paſſe au-deſſous des premiers Fleurons d'enhaut.

Quand les Fleurs Rouges hâtives, ou les Blanches melées de rouge s'épanouïſſent plutôt que leurs Camarades, l'on ne néglige rien pour conſerver la Couleur forte qu'elles ont en dedans. De Paraſols,

en

en forme de demi bonnet, font merveil-
leux. Il en faut un à chaque Fleur hâtive; on les fait de bois leger ou de fer
blanc; & pour les ficher en terre on les
pourvoît d'un bâton. Ce Parafol n'eſt d'u-
fage qu'autant que le Soleil peut altérer la
couleur forte en queſtion. Dès que la
plus grande partie des Fleurs de la planche ſont épanouies, il faut, à ces Paraſols particuliers à chaque Fleur, en faire
ſucceder un de Toile qui défende la planche entiere pour le ſoleil, que des pieux
de bois leger ſoutiennent. Le menuiſier
habile qui la fera, prendra bien garde que
non ſeulement elle aille en biais comme la
planche, mais même qu'elle ſoit aſſez large & aſſez élevée pour qu'on puiſſe ſe pro-
mener à couvert dans le ſentier ſans ſe baiſ-
ſer; il faut qu'elle puiſſe jouër comme un
ſtore de glace de Caroſſe, & par conſéquent qu'elle ſoit garnie de même. On
peut alors, ſe donner le plaiſir de voir ſur
le champ ſa planche au grand jour, lui
faire goûter la roſée & la parer du ſoleil
& de la pluie, roulant la toile à l'abord
du ſoir, pour donner aux fleurs la fraîcheur de la nuit. Je ne m'étendrai pas ſur
les avantages de ce Parafol, je dirai ſeulement. 1. Que ſi le Soleil dardoit ſes rayons

ons fur les Jacintes, il en rendroit tout d'un coup les couleurs pâles, au lieu qu' en étant garanties elles en recoivent de l'e- clat ainfi que toutes les Fleurs fi on en ex- cepte l'Anémone.

2. Se promene-t-on à côté de fes Fleurs, on fe trouve à l'abri, & on n'eft point in- commodé du foleil. Une plus grande Ten- te a bien fon merite, on y peut donner des fêtes aux Dames. Pour ne pas empê- cher l'Oignon de croître, ce qui arrive- roit fi l'on tenoit trop longtems la planche couverte, l'on fupprime la Tente ou Pa- rafol dès que la plus grande partie des Fleurs commence à fe flétrir.

J'ai à prefent à expliquer la maniere dont il faut s'y prendre pour lever les Oig- nons. C'eft quelque chofe d'important & à quoi il eft néceffaire d'apporter beaucoup d'attention. J'en déterminerai le tems, non par jour ni femaine, mais par les mar- ques de maturité de la Plante. Toute autre maniere donne trop d'embarras tant pour les lieux que pour les faifons & les fortes. La grande régle eft de lever la plante lorf- que fa fane perd fon verd, & eft en partie jaune & en partie feche. Je voudrois bien qu'on fût affez circonfpect pour diftinguer la nature de toutes les plantes en particulier.

Il

Il eſt pourtant poſſible de lever la planche
tout à-la fois. Je n'y vois même point
d'inconvénient, malgré la folle opinion de
ceux qui croient qu'un Oignon dont la fane eſt ſeche & qu'on laiſſe encore quelque tems dans la terre ſe gâte. Si on pe-
che dans ce Pays-ci quand on leve les
Oignons, c'eſt plutôt en ſe preſſant trop,
qu'en agiſſant trop lentement. Soit qu'
on n'emploie point d'Outil pour cela, ſoit
qu'on en emploie, il faut ſe donner de
garde de ne pas bleſſer l'Oignon, qui eſt
fort tendre & plein de Jus. Sa fane ſe ſépare
d'elle-même ; on le tire de terre avec ſes racines, & la terre qui peut s'y être attachée
ſans rien frotter, on le met dans la même place de la Lavette d'où on l'avoit tiré lors du
plantage. Je ſupppoſe par conſéquent qu'on
en aura fait fair les caſees ou cellules bien
lar-ges. On la porte enſuite ſur une table
dans une chambre ſeche & gaie. Les jours
que l'air eſt pur & ſerein, on y fait paſſer
l'air en ouvrant les fenêtres qu'on a ſoin
de tenir fermées avant qu'il faſſe nuit, &
quand il fait un tems couvert. Il n'eſt pas
néceſſaire de toucher à vos Oignons dans
l'entretems que vous les avez levés de terre & que vous les devez replanter. C'eſt
alors ſeulement que vous les nettoyez avec
cir-

circonfpection, vous en ôtez les petits qui
s'y trouvent accrus & qui s'en détachent
ordinairement d'eux-mêmes; on en exa-
mine la beauté & les défauts, pour fe déterminer à les ôter ou à leur deftiner une
place dans la Layette comme on a fait
l'année précédente.

Quoique tout le devoir d'un vrai Curieux ne demande rien de plus que ce que
je viens de prefcrire pour lever les Oignons, neanmoins, comme il s'eft intro-
duit une nouvelle maniere de le faire qui
eft tout-à-fait différente, j'en inftruirai; elle eft plus embarraffante, n'eft pas meilleure, mais quelque fois néceffaire; c'eft
pour ceux qui en ont befoin ou qui la
préférent que je vais la faire connoître.

La Jacinte eft fujette a une grande maladie, d'autant plus redoutable qu'elle lui
caufe fouvent la mort, c'eft un chancre
dont je parlerai plus amplement ci-après,
elle ne fe manifefte fouvent que lorfqu'
on leve un Oignon qui paroît même a-
voir été favorifé de la nature, pendant
tout le tems qu'il a été en terre. Quelques grands Amateurs concluent de-là que
cette maladie ne lui vient que lorfque la
maturité fe fait, & que pour l'en garantir, il faut le lever dès que les pointes de

fa

fa fane annoncent que fa croiſſance va ſe
ralentir. Qu'en peut-il réſulter? Le voici, l'Oignon ſe trouvant plein de jus lorſqu'on le tire de terre, & comme trop
frais, au lieu de ſe bien ſecher, ne peut
manquer d'avoir une peau rétrécie & de
petite qualité, il s'y joint un moiſi verd
qui pénétre dans l'Oignon & dans le cercle
de ſes racines & le fait gâter. Pour preve-
nir ce dernier inconvénient les Curieux a-
près avoir levé leurs plantes de ſi bonne heure, les remettent en terre ſur le côté, mais
preſque à raze de la ſurface de la terre,
pour les faire ſecher aux Rayons du Soleil affoibli par le peu de terre qu'on met
deſſus; & par les petites pluies; & pour
les faire ainſi parvenir peu à peu à maturité. Cette Oeconomie exactement ob-
ſervée eſt fort bonne, la peau devient u-
nie, ſaine & ſeche pendant les trois ou
4 ſemaines que l'Oignon reſte ainſi en terre; elle prend une ſubſtance preſque auſſi
dure & auſſi ſeche que celle de la Tulipe, & paroît brillante à la vue. L'Oignon ſe trouve même en état alors de ſe
conſerver empaqueté & privé de l'air pendant pluſieurs mois. Le dernier avantage
ſeul rend recommandable cet art, autrement
l'Oignon ſe trouvant plein de jus natu-

rels

rels se gâte & se pourrit quand il se trouve renfermé. Ceux qui ont eu des Oignons de Jacintes à envoyer bien loin, se
sont extrêmement prévalu de la découverte de cette maniere de donner les qualités
convenables aux Oignons. Toutefois on
la perfectionne, & l'expérience a appris
qu'on ne garantissoit pas sa plante de la
maladie qui vient quelque fois au cercle
des racines, en la levant pendant qu'elle
croît encore ; aujourd'hui on n'en retient
que l'utile en enterrant légerement l'Oignon quand on l'a levé, mais l'on ne doute plus que ce ne soit un abus que de le
lever lorsqu'il travaille extrêmement, c'est-
à-dire lorsqu'il croit, & même que cela
ne lui soit nuisible. On parviendra donc
à les secher de façon qu'ils puissent sou-
tenir le transport, en mettant en usage
cette pratique, mais à tems juste, ce que
la maturité de la sane annoncera, & on
n'aura pas à craindre d'avoir empêché la
croissance ce qui arrive lorsqu'on les leve
trop tôt. On perd beaucoup quand on est
impatient & qu'on veut se presser bon gré
malgré. Outre qu'il faut renoncer à la
croissance qu'un Oignon auroit acquise si
on ne s'étoit point précipité ; il faut même voir gâter celle qu'il avoit prise avant
que

que d'être levé; il ne devient ni mûr, ni ferme & se rode. Comme la méthode d'enterrer les Oignons à raze de terre à encore ses difficultés & même ses incon-véniens, je ne la conseillerois qu'à ceux qui en doivent envoyer hors de leurs Pro-vinces ou Pays. Mais lorsqu'on s'y fixe par choix ou par nécessité, on attend que la plus grande partie de ses Jacintes mar-que de la maturité, jusque là on laisse tran-quille sa planche; les plus ignorans con-noissent ce point de maturité par le jaune des feuilles; ils levent alors leurs Oignons, en choisissant un beau jour qui est plus né-cessaire pour cette opération que pour plan-ter; on coupe la fane rase jusqu'à l'Oig-non, à moins qu'elle ne s'en sépare d'elle-même, on y laisse les racines sans en ôter ce qui peut s'y trouver de mal propre, & sans les frotter-ni manier, on remet son Oignon sur son côté dans le même en-droit après qu'on a rempli son trou & qu'on à égalisé le terrein; la pointe doit re-garder le Nord, on se sert de la terre qui est auprès de l'Oignon pour le couvrir, & en faire une sorte de Taupiniere, afin que d'aucun côté il ne puisse rien perdre ni du soleil ni de l'air. Une pluie abon-dante, mais accidentelle n'y fait point de mal,

mal, par ce que ces Taupinieres qui ne font pas groffes font bientôt feches, un demi pouce de terre à l'entour de l'Oignon eft fuffifant; mais il faut quand il fait fec examiner tous les jours fi la terre ne fera point defcendue, & fi l'Oignon n'eft point à découvert, le cas arrivant, qu'on ne néglige point de le couvrir; le foleil feroit capable pendant les premiers jours de le faire embrafer à caufe de fes fucs. Pour n'être pas furpris de fes rayons, je confeille aux moins inftruits de couvrir la planche pendant les 2 ou 3 heures de la plus grande ardeur du Soleil, (elle eft en tout tems nuifible à l'Oignon de Jacinte) mais non pas continuellement, ce feroit le moyen de faire moifir l'Oignon, quand même l'air pourroit paffer fous la couverture. Cette moififfure fe feche difficilement dans la Chambre; & d'ailleurs l'Oignon perd de fa fraîcheur & de fa beauté. On laiffe ordinairement les Oignons 3 à 4 femaines enterrés comme je viens de le dire, après quoi, la peau fe trouvant feche, faine & rouge, on les leve. C'eft alors qu'on peut les nettoyer & qu'on le doit, enfuite on les porte chez foi, & dix ou douze jours écoulés, on en fait ce qu'on veut. Je le repéte, il ne convient qu'

H

à ceux

à ceux qui ont des envois à faire de mettre en pratique cette méthode laborieuse de fecher les Oignons. Il y a des années où l'air de Juin, qui eft la faifon ordinaire de cette opération, eft fort chaud. Y furvient-il de la pluie, la furface de la terre s'échaufe & fermente, alors l'Oignon en quelque façon fe cuit, & devient puant, & on le trouve mort en le levant. Je ne fçais rien qui puiffe parer ce coup, finon de mettre fon Oignon fur une petite hauteur où l'eau ne puiffe féjourner, & de les couvrir pendant les deux ou trois heures de la plus grande ardeur du Soleil. Il feroit peut-être bon même de les garantir de la pluie & du Soleil quand la chaleur eft exceffive ; je parle par expérience, j'en ai été fouvent la victime, & je protefte que fi je n'avois pas des Etrangers à fervir, & fi je n'avois par conféquent pas befoin de les faire fecher fous terre, je cefferois d'être efclave de cette méthode, qui n'eft propre que pour ceux qui font dans le goût de donner aux Etrangers de leurs Fleurs. C'eft dans le Mois d'Août qu'ils le peuvent faire, & jamais avant le 20 ou 25 Juillet. Les Oignons qu'on empaquete à commencer de ce tems jufqu' au premier Septembre peuvent refter fains,

quand

quand même on ne les dépaqueteroit pas
de 4, 5, ni de 6 mois. J'en ai vu qui a-
voient été empaquetés & enfermés dans une
boîte depuis le premier Août jusqu'à la mi-
Fevrier, & qui étoient parfaitement bons.
Ils avoient, j'en conviens, poussé de la
longueur de deux pouces. Quand je dis
empaquetés, je ne veux rien dire autre chose, qu'enveloppés séparement dans un papier, on les met ensuite dans une boîte
qu'on ferme si bien que le moindre air ou
la moindre humidité n'y puissent pénétrer.
Ceux qui prétendent qu'il faudroit faire
des soupiraux à la caisse ou boîte pour conserver l'Oignon, se trompent bien fort:
l'air, la rosée, les exhalaisons, le brouil-
lard, peuvent s'y introduire, ils y trouvent accès, infectent l'Oignon & le font
pourrir s'il faut qu'il reste longtems enfermé. Aulieu de cette mauvaise pratique,
on fait embaler la caisse ou boîte comme
celles d'autres marchandises qu'on vou-
droit conserver. La Toile cirée, le cuir,
ou tout autre chose est indifférent pour
faire cet embalage. Une grande attention
qu'il faut avoir, c'est de recommander lors
de l'embarquement de la Caisse, qu'on la
mette dans un endroit sec & jamais dans le
fond du Navire. Je ne sache plus rien à

di-

dire au sujet des Jacintes qu'on veut transporter. Cependant, il me vient encore une reflexion importante, qui regarde la mousse d'arbres seche, il ne s'en faut jamais servir ; je sçais que parlà je m'attire à dos ceux qui en sont partisans. Ces gens-là s'abusent en croyant que les Oignons s'y blessent moins. C'est une erreur. La mousse quoique bien seche attire l'humidité dont la Jacinte est extrêmement susceptible parce qu'elle est pleine de vie & de sucs : c'est l'Anemone & la Renoncule, dont la vie est tellement concentrée qu'elle paroît anéantie, qui peuvent être enveloppées de mousse pendant toute une saison, & replantées ensuite avec succès. Mais l'Oignon de ma Fleur travaille tant, que si dans le moment qu'on le leve on le coupoit par le milieu, on trouveroit une nouvelle pousse qui dès le Mois d'Août parvient déja au centre, & au commencement d'Octobre seroit à la pointe. La mousse qui est aisément atteinte d'humidité, tire sans peine celle de l'Oignon, la porte aussitôt au fond ou cercle des racines, & lui en fait pousser promptement de bien longues. L'Oignon de Jacinte a cela de singulier, qu'il ne pousse que difficilement ses sucs au fond, quand il est

dans

dans un papier doux & fec, & qu'il s'y
conferve longtems fans pouffer de racines, & même mieux que ceux de la même Fleur qui ne feront ni enveloppés ni
enfermés dans une caiffe, ni emballés, &
qui feront expofés à l'air dans une Chambre
feche; ils auront bien plutôt des racines
d'une longueur confidérable, jufque-là même que l'Oignon bien enveloppé, bien
enfermé & bien emballé, eut-il déja une
longue pouffe de fortie, reftera longtems
dans le même état fans jetter de racines.

Dans un cas de néceffité, on peut faire ces opérations d'envelopper, de mettre en caiffe, d'emballer & d'expédier des
Oignons de Jacintes plùtard que la fin
d'Août, même pendant tout le mois de
Septembre & jufqu'à la mi-Octobre. J'ex-
horte cependant les Curieux qui ont des
envois à faire d'Oignons, de profiter des
fix premieres femaines, furtout fi le trajet
eft long; c'eft même une néceffité, parceque fi c'eft par mer qu'ils doivent être
tranfportés, la durée des voyages eft in-
certaine, & il pourroit fe faire qu'ils n'ar-
riveroient qu'en Janvier. Dans ces cas de
long trajet, & d'incertitude de la durée,
il faut s'y prendre de bonne heure, & faire fes opérations avant que l'Oignon tra-

 vail-

vaille affez pour ébranler le fond ou cercle des racines. Au moyen de tout ce
que je viens de dire fur cette matiere, il
me femble que je l'ai fuffifamment expli-
quée, & que les Curieux n'auront point
de reproches à me faire.

CHAPITRE IX.

De la maniere de multiplier les Ja-
cintes par fémence.

APrès avoir traité de tout ce qui a rapport à la Culture des Oignons de
Jacintes, je paffe à celle de multiplier
cette Fleur par la fémence, & de découvrir de tems en tems les beautés de nouvelles fortes qui n'ont jamais été vues, &
qui ont été jufqu' ici enfermées dans les
tréfors de la Nature. Parlons d'abord du
choix des Fleurs qui font les plus propres
à fe préter à ce grand Ouvrage. Prefque
tous les Curieux font entêtés de la fémence
des Jacintes doubles, c'eft fuivant eux la
voie la plus facile de s'en procurer de pleines, qui ne donnent point de fémence & ne
fe reproduifent pas; ils la regardent même
comme plus courte que celle de commencer

cer par la fémence des fimples. Ils ont bien
raifon à ce dernier égard, mais comme
les doubles donnent rarement de la fémence, c'eft un phénomene que d'en voir
une qui en produife de fi bonne qu'elle
foit en état de promettre le gros lot: on
eft toujours flatté de voir une Jacinte double donner de la fémence, j'approuve
même qu'on en faffe ufage; mais quoiqu'
elle donne beaucoup de Fleurs doubles &
pleines, c'eft trop faire fond fur fon bonheur que d'efpérer d'en avoir jamais d'une
beauté parfaite. C'eft aux fimples qu'on
eft redevable de prefque toutes celles qui
ont acquis un grand nom. Il vaut donc
mieux s'addreffer aux fimples, on eft plus
fûr de réuffir. Il faut en avoir de beaucoup de fortes, & un grand nombre
d'Oignons de chacune de celles qui pro-
mettent le plus. Plus on a de fémence,
plus on a de chance.

Ce n'eft pas la couleur d'une Jacinte
fimple parfaite qui doit déterminer à en
garder la fémence. Les Fleurs rouges,
blanches, bleuës, plus pâles ou plus fortes en couleur, font également bonnes;
elles donnent toutes des pleines parfaites.
Cependant comme le rouge a quelque
chofe de plus diftingué, on a un foin par-

H 4

ti-

ticulier de conferver la fémence des Jacintes fimples rouges; & on paffe à celles
d'un rouge foncé des défauts qu'on rele-
veroit dans les Blanches & dans les Bleuës. La Jacinte fimple ne pourra jamais
fe donner pour parfaite fi fa tige n'eft pas
d'une belle grandeur, & fi elle n'eft pas
ferme & bien droite. Ces qualités pro-
mettent un Bouquet bien proportionné,
& des Fleurons ou Corolles gros, grands,
pleins d'éclat, larges par devant & fe fou-
tenant comme il faut. J'aime mieux la Jacinte tardive que la hâtive, voici les raifons de la préférence que je lui donne.
Il eft bien rare que les nuits froides ne
gâtent la fémence des plus hâtives, par
conféquent il n'eft guere poffible d'en a-
voir; d'ailleurs ce mérite eft oppofé à la
nature des *Fleurs* pleines après lefquelles
on court. Quand on rencontre de celles
dont les feuilles fe doublent & triplent au
milieu, on n'en laiffe point perdre la fémence; ce font celles-là qui l'emportent
fur les autres.

Il ne faut pas penfer à faire la récolte
de fa fémence avant que la Pellicule où
elle eft renfermée ne foit devenue jaune,
qu'elle n'ait commencée à s'ouvrir, & qu'
on n'y voie la fémence noire. Alors on
cueil-

cueille sa tige, on la met dans un vase
un peu profond, ou sur une Table où le
Soleil ni la pluie ne puissent trouver jour.
L'objet de cette précaution, c'est que la
sémence seche se meurisse doucement. Bien
nettoyée, on la garde dans un endroit sec
jusqu'au tems de la sémaille. Dès qu'on
ne se soucie pas de ramasser la sémence de
certaines Jacintes, il faut en cueiller les
Fleurons dès qu'ils Commencent à s'epa-
nouir, autrement on fera toujours du tort
à l'Oignon, qui recevroit plus de nourriture si on n'y laissoit pas venir la graine
à maturité.

Un Physicien demandera peut-être ici
comment il se peut faire que la sémence
des Jacintes bleuës produise non seulement des Fleurs bleuës, mais en même
tems des Blanches; que la sémence des
Blanches donne quelques fois des Jacintes
bleuës parmi le grand nombre de Blanches qu'elle produit, & enfin comment
des Rouges ou de leur sémence, on en a
des blanches, beaucoup de bleuës, &
une infinité de rougeâtres. Je ne puis le
satisfaire, comme il le souhaite. Je m'i-
magine que si on ne plantoit pas des fleurs
bleuës, des blanches & des rouges tout
ensemble pour en avoir de la sémence,

H 5

tou-

toutes ces différences ne fe rencontreroi-
ent pas. Qu'il n'y ait que des Jacintes
bleuës dans un Jardin, qu'il n'y en ait
point d'autres fortes dans le voifinage, je
ne puis pas me figurer qu'on en recueille
qui foient d'une autre couleur, & ainfi
des blanches & des rouges. Je me range
ici du côté des fameux Botaniftes, qui
difent que fi d'autres plantes dégénérent
tant en couleurs qu'en qualités, c'eft par
ce que fe trouvant avec d'autres de mêine
nature qu'elles, mais d'une autre qualité,
le vent a apporté dans les Fleurons des
premieres de la matiere fertilifante des fecondes, ou peut-être encore plus les
mouches différentes, qui y vont cherçer
leur nourriture chacun felon fon befoin,
les mouches de nuit autant que celles du
jour; Ce qui fe trouve très bien prouvé
& determiné dans le celebre traité du Marquis de St. Simon ci-devant notté: ainfi,
le bleu, le blanc & le rouge fe trouvent
mêlés fans que la nature y ait participé.
Je fuis d'autant plus corfirmé dans ce fen-
timent, que j'ai éprouvé qu'en fémant
féparement mes fleurs pour en voir l'effet,
les blanches me donnoient toujours des
bleuës parmi les blanches, & les bleuës
toujours des blanches parmi les bleuës,

mais

mais des Fleurs bleuës d'une tige si foible, qu'elles tomboient à terre dès qu'elles s'épanouiſſoient, ne produiſoient de la ſémence que de bleuës & jamais de blanches ni de rouges.

Je me ſuis alors tenu pour prouvé que c'eſt du mélange des eſpèces que provient la dégénération des couleurs, & qu'il n'en falloit pas chercher la cauſe dans la Fleur même. Ce mélange eſt aſſez vraiſemblable, cela ſuffit pour ne pas faire de plus grandes recherches. En effet rien ne varie ici que la couleur, les productions s'accordent du reſte en toutes choſes. La poſſibilité de ce mélange eſt même ſenſible, l'on voit quelquefois des Jacintes dont le Cœur du Fleuron eſt d'un bleu brun, avoir une ou deux feuilles blanches; & des Jacintes blanches dont le Cœur eſt tout-à-fait violet. Il y a même une ou deux fleurs ſimples dont les feuilles ſont rayées de bleu & de blanc parfait. Il arrive auſſi que de bleue, même de bleu foncé elle devient blanche, & que de blanche elle devient bleuë. Si l'on veut être convaincu de ces varietés, qu'on plante une Rave longue à côté d'un Raifort d'Eſpagne pour les faire fleurir enſemble, la ſémence du Raifort donnera quantité de longues

gues racines dont partie fera blanche, ou qui feront moins noires qu'elles ne le font ordinairement; Ou un choux rouge à coté d'un blanc, la fémence du premier produira des choux tenant de l'une & de l'autre couleur. De tout ce-ci on peut conclure que l'abbâtardiffement des fémences potageres ne provient que de la communication des parties fructiférantes, & tout ainfi des Jacintes. Voici un vafte champ pour les Curieux de Fleurs, ils s'amuferont fans doute à faire des expériences, qui nous donneront peut-être un jour une Anémone couleur d'Or & une Renoncule couleur d'Azur.

La même préparation de terre dont on fe fert pour les Oignons; fera bonne pour y fémer la graine. Le tems de cette fémaille eft la fin du mois d'Octobre. Il ne faut pas fémer plutôt, autrement la fémence poufferoit en hiver, fe gèleroit & mourroit. Il ne faut pas non plus que ce foit plus tard en hiver, une grande partie de la fémence ne fermenteroit pas, & quand bien même elle poufferoit aprés, on perdroit une année entiere de peines; bien de Curieux fe font avifé Cependant de fémer au mois de mars avec un bon fuccès, leur graine s'eft parfaitement levée. Je ne déciderai point fi pour a-

voir

voir des Fleurs doubles, il faut avoir é-
gard en fémant & au tems, & à la fituation
de la Lune & des Planetes. Les fentimens font trop partagés fur ce point, &
les obfervations font trop incertaines. On
peut d'autant plus difficilement en faire
l'épreuve pour les Jacintes, qu'elles pro-
duifent trop peu de Doubles. Mais pour
les Oeillets, il me femble qu'ils fe prêtent à ces obfervations. J'en ai fémé 4
jours avant la pleine Lune, tems que choi-
fiffent les Curieux qui veulent améliorer
leurs Fleurs par cette voie; environ les
trois quart de ce que j'avois fémé, me
donnerent des Fleurs doubles, pendant
que d'autres qui avoient fémé les mêmes
fortes que moi, au hazard, & fans obferver les tems, n'eurent que deux Fleurs
doubles dans le nombre de plus de cent
plantes. Quoiqu'il en foit, je ne trouve
pas cet axiome fort perfuafif, car il me
paroît naturel qu'une fémence mûre renferme réellement & d'une maniere qui n'eft
point fufceptible de changement, la Fleur
qui en doit provenir, & que la terre où on
la jette ne doit être regardée que comme
une fage femme ou nourrice, entant que
fecondée par l'air & par la pluie elle fait
éclorre ce qui étoit déja parfaitement formé

mé dans la fémence, & que la fermenta-
tion s'étant faite, la Lune & les Planetes, quand bien même elles contribue-
roient à la croiffance des plantes, ne chan-
gent rien à la nature de la Fleur qui a
travaillée. Si l'on veut que la Lune ou les
Planetes, la Terre & l'art puiffent y apporter quelque changement, il faut que ce
foit avant que la Fleur ait fa forme fixe,
car étant une fois exiftante, elle ne change plus. Cela peut fe vérifier dans les
Oignons. Une terre bien préparée, une
habile manœuvre, peut-être même l'in-
fluence de la Lune font en état de les en-
tretenir frais pendant qu'ils croiffent, &
par-là leur donner la force de faire fortir
admirablement ce qu'ils renferment, mais
ne peuvent rien changer aux qualités &
aux caracteres de la Plante. L'on peut
faire le même raifonnement pour la fémence des Fleurs & de toutes les autres
plantes, comme auffi fur celle des Ani-
maux. Je ne m'allambiquerai pas l'efprit
pour dire quelque chofe au delà du naturel. Si un autre penfe que la fémence
devenue mûre ne renferme qu'une Jacinte, mais que fa forme dépend de l'air,
de la terre & de certaine planete, qu'il
développe fon idée, & nous en inftrui-
fe.

fe. S'il a découvert au jufte de quelle efpéce doivent être cet air, cette terre, & la conftellation des aftres, fa fcience fera des jaloux. Que nous fommes heureux nous autres qui en fuivant les regles générales, acquérons, quoique par des voyes impénétrables, des Fleurs parfaites par les foins fimples que nous prenons! En tout cas on ne risque que fa peine en faifant des Obfervations, & pour peu qu' on gagne, le travail fera toujours payé au double.

On jette la fémence à la profondeur d'un pouce de terre. On la couvre d'un peu de Tan à demi confommé, pour la garantir du froid qui cependant n'eft pas fort nuifible avant qu'elle ait pouffée; on ne leve l'Oignon qui en provient, qu'aprés qu'il a paffé deux feves. Pendant le tems qu'il y eft, il n'y a pas d'autre foin à avoir que celui d'ôter les mauvaifes herbes, qu'on tire avec précaution, & avant qu'elles foient affez grandes pour nuire à l'Oignon. Dans le fecond hiver d'après qu'on a fémé, on met une feconde fois du Tan de la hauteur d'un demi pouce. Cette fémence ou le petit Oignon qui en provient ne veut jamais être arrofé, d'autant plus qu'en Eté lorfque la terre eft
def-

defechée la Jacinte fe repofe, & qu'à la feconde année & avant qu'on leve les Oig- nons, les racines en font déja fi grandes qu'elles & même le Jeune Oignon vont fouvent à 6, 7, & 8 pouces de profon- deur. La premiere levée faite on fe con- duit pour ces Oignons comme pour les autres qui font plus avancés. à La qua- triéme année, il y a une partie qui fleu- rit, à la cinquiéme la plus grande moi- tié & à la fixiéme toutes. S'il s'en trou- ve quelques-uns qui n'aient pas encore fait leur devoir, il faut les jetter.

Lorfque les Jacintes fleuriffent, un Cu- rieux fait fes obfervations, il marque parmi ces hazards provenus de graine toutes les doubles & pleines, avec deffein à mefure que les Oignons deviennent plus forts de les obferver avec plus d'exactitude. Cela eft néceffaire, car fouvent telle Jacinte qui n'aura eue la premiere fois que deux, trois, à quatre fleurons de fleuris, en por- tera avec le tems jufqu'à vingt, & une autre qui à la premiere Fleur n'aura fait voir que des Fleurons demi-doubles, de- viendra double & quelquefois pleine avec le tems. Un Amateur qui a beaucoup d'expérience en peut prefque toujours pré- voir le fort à la premiere Fleur; & au

con-

contraire il faut qu'un autre qui n'a pas
tant d'acquit, attende l'événement, de
façon qu'il ne peut pas se déterminer sur
ce qu'il en fera. On marque encore celles des simples qui excellent en grandeur,
& qui ont des Fleurons bien façonnés,
pour les sonder, c'est-à-dire, pour essa-
yer encore s'ils ne se perfectionneroient
pas. Pour les autres qui ne disent rien,
un Curieux n'en attend rien, il les jette,
ou les donne à ceux qui sont content
pourvu qu'ils aient des fleurs dans leur
jardin.

CHAPITRE X.

Des maladies des Jacintes, des Remédes
pour les guérir, & de l'art de les
faire multiplier d'une façon
extraordinaire.

IL y a encore un point qui est inté-
ressant de traiter. Ce sont les maladies des Jacintes, dont il y en a de totalement mortelles, & d'autres qui se
peuvent guérir. La principale est une
corruption dans les sucs de l'Oignon,

I

qui

qui fe manifefte à la circonference par un cercle ou demi - cercle brun ou de couleur de feuille-morte qui regne dans l'Oignon entier, & dont le vice répond au fond ou cercle des racines. Quand la maladie n'eft pas grande, il n'y a qu' une partie du tour de l'Oignon qui fôit infecté de la corruption, & tant que la plante eft en terre, on ne peut pas s'ap- percevoir de ce défaut. Mais dès que le mal forme le cercle entier, la mala- die eft dangereufe, l'Oignon eft fur le point de perdre la vie : il ne faut rien efpérer d'une plante qui au printems por- te les marques de la pefte à fa fane. Quelquefois le fond ou cercle des ra- cines en eft le premier frappé ; dans ce cas - là on ne pourra en avoir connoif- fance que lorfque ce vice aura atteint tout l'Oignon & qu'on ne pourra plus y apporter de reméde. Quelquefois auf- fi c'eft à la pointe de l'Oignon que le mal commence, alors il n'eft pas im- poffible de le foulager, fi on s'y prend à tems ; on en coupe à prendre d'en haut jufqu'à ce qu'on n'apperçoive plus de contagion. Quand même par cette amputation l'Oignon fe trouveroit réduit à moitié, il peut encore revenir. Auf-
fi-

sitôt l'operation faite, il faut l'exposer au Soleil derriere un verre, le dessus en deviendra plutôt sec. C'est inutilement qu'on attribue cette maladie à un défaut d'attention qu'on aura eu en Eté d'avoir mis l'Oignon sec dans un endroit qui lui auroit été malsain, ou de l'avoir mal posé. Il la contracte dans le terrein où il a été planté; suivant toute apparence une mauvaise nourriture qu'on ne peut pas connoître & qui est invisible est la source du mal. Voici les précautions prescrites par l'Experience pour le prévenir.

1. Ne pas mettre la plante dans un endroit où l'eau séjourne en hiver.

2. Ne la pas garnir de terre mêlée avec du fumier de cheval, de brebis ou de cochon.

3. Se donner encore de garde de se servir de terre où l'on auroit planté plusieurs fois reïtérées en peu de tems des Jacintes.

4. Ne pas planter de bons Oignons auprès de ceux qui seroient infectés de ce mal.

J'en avertis, la maladie dont je viens de parler est contagieuse; il faut rejetter les Oignons qui en font attaqués à n'en pouvoir revenir. Ils ne feroient pas en état d'opérer fi on s'en fervoit, s'il en étoit autrement, leurs productions ne feroient pas meilleures qu'eux, toutes leurs parties ne pourroient qu'être vitiées, d'ailleurs elles périroient bientôt. Il eft donc du devoir d'un Curieux de bien vifiter tous fes Oignons avant que de planter, il doit auffi également obferver fi les pointes & les cercles des racines font en état de bien pouffer. Quand il foupçonne de quelque mal, il emploie le couteau, & trouve-t-il l'Oignon bien blanc partout ou il le porte, il n'a rien à craindre, s'il y avoit eu du mal il fe feroit manifefté.

L'Oignon eft fujet a une autre maladie qui eft prefque toujours mortelle, & qui n'a pas de nom propre. C'eft une corruption qui lui vient dans la terre, premierement par dehors, enfuite partout le corps, elle le rend gluant & puant. Quand ce mal pénètre l'intérieur de l'Oignon c'en eft fait de toute la plante. Rarement les Curieux qui n'enterrent pas les leurs après les avoir levés, du moins s'ils ne les plantent

tent pas trop profond ou dans un fond
trop humide , ont-ils cette mortifica-
tion.

La plante devient malade quand fe
trouvant au printems un pouce audef-
fus de la terre, on la voit s'affoiblir
& fe fecher. C'eft une marque que
les racines ont été gâtées ou par la gê-
lée ou par quelque autre accident. L'on
y peut apporter du reméde, il n'y a
qu'à tirer l'Oignon à l'Inftant, en nettoyer les racines, en retrancher les parties malades, en couper toute la pouffe, la remettre en terre, mais ne le
couvrir que très légerement, il s'y feche & peut l'année fuivante donner des
petits qui ne manqueront pas de bien
venir. Il manque auffi quelque chofe
à une Plante qui fe préfente bien au
printems & qui promet une belle fleur
dont on voit venir les boutons, quand
lorfqu'elle devroit s'élever elle fe ralentir, & privé d'une partie de fon néceffaire, crache fa Fleur. J'ai deja remar-
qué que ceux qu'on plantoit en Septembre couroient plus de rifque que ceux
qu'on planteroit en Octobre. On ne
voit prefque jamais dans ce cas ceux qu'
on plante en Novembre. Toutes mes

I 3

Ob-

Obſervations ne m'ont procuré aucune ſatisfaction ſur la cauſe de ce défaut, par bonheur ce mal ne demande pas de médecin ; on peut même dire que l'Oignon n'eſt pas malade, & que la fleur eſt la ſeule partie léſée.

Une autre maladie dont eſt ſuſceptible la Jacinte, c'eſt lorſqu'à la ſurface de l'Oignon, qui eſt hors de terre, il ſe trouve des peaux mal-ſaines, elles ſont pernicieuſes ; elles rongent tant que l'Oignon n'eſt pas en terre. Avant qu'elles s'étendent juſqu'au fond ou cercle de racines, il faut les couper ; ſi on négligeoit de le faire, elles y porteroient bientôt une infection qui eſt mortelle. Pourvu qu'on ait ſoin d'ôter la cauſe du mal, la place coupée ſe ſeche bien vîte ; on peut être tranquille pour l'avenir ; tout ce qui en arrive, c'eſt que l'Oignon eſt moins gros, mais dès qu'on le remet en terre il reprend vigueur.

On voit quelquefois à la ſurface de l'Oignon un certain moiſi verd qui vient de la ſubſtance aqueuſe, il eſt auſſi pernicieux ; il faut l'ôter exactement. Cependant ſi on obſerve ce que j'ai dit en levant les Oignons, & ſi d'ailleurs on

les

les met dans un lieu bien fec, ce moifi ne fera pas grand mal.

L'Oignon a encore une maladie à craindre ; il peut avoir dans fon fond de racines une infection, autre que la maladie ci-deffus mentionnée, elle eft quelquefois mortelle ; quand elle ne l'eft pas, il n'y a que le couteau qui puiffe fauver l'Oignon.

Si d'un côté la Jacinte eft fujette à bien des maladies qui lui caufent la mort, & furtout à la premiere dont j'ai parlé ; s'il en meurt beaucoup, elle a d'un autre côté la faculté de pulluler infiniment plus que la Tulipe & d'autres pareilles fleurs. Cette vertu générative eft fi grande, qu'il eft prefque impoffible de la faire connoître, car chaque peau & même chaque partie de peau paroît la poffeder. En effet on obferve qu'une peau fe féparant par la force de la croiffance de l'Oignon, ou que faifant une incifion dans la peau, les bords de ces parties incifes ou feparées forment tout d'abord de petits Oignons. C'eft par cette obfervation qu'on a trouvé le moyen de multiplier quand on veut & confidérablement un Oignon d'une efpéce tardive à fe reproduire, qu'on a quelque-

fois planté & levé fix années de fuite,
fans qu'il ait donné figne de pouvoir pro-
créer. Voici en quoi confifte ce moyen.
Au tems de lever les Oignons, on tire
de terre celui à qui on fouhaite cette
vertu générative, en fait dans le fond
une incifion en croix qui aille jufqu'au
tiers; on le remet en terre fans le couvrir plus que d'un pouce de terre; on
l'y laiffe pendant 4 femaines, après quoi
on le feche & plante comme à l'ordinaire. Il eft vrai qu'il ne portera pas
de fleurs, mais il fe divifera l'année fuivante de façon que lorfqu'on le levera,
aulieu d'un Oignon, on en trouvera fix,
huit, & même jufqu'à dix qui après
deux années de culture auront acquis
la perfection qu'on pouvoit efperer. Si
l'on vouloit même divifer l'Oignon en
beaucoup plus de parties, mais qui feroient plus petites à proportion, il n'y
auroit qu'à faire des incifions tout au
tour de l'Oignon à prendre jufte au deffus du cercle de racines, d'obferver qu'
elles foient auffi profondes que celles
que nous venons d'indiquer; il faut même que les incifions fe faffent de biais,
en montant & en tournant de façon que
la partie intérieure de l'Oignon & fon

cœur

cœur fe détachent en un morceau. Si
on a le bonheur de reüffir parfaitement
dans l'opération, cette partie inférieure
accompagnée du cœur pourra fe retablir
& faire un nouvel Oignon; quant à la
partie d'enhaut qui confifte en un cercle de peaux épaiffes fe tenant les unes
aux autres, elle donnera quelquefois 20
& 30 Oignons. fi on veut faire pulluler l'Oignon, & conferver en même
tems fa Fleur, on n'a que faire une incifion au côté du fond de l'Oignon,
fans porter le couteau vers fon milieu,
il produira par cette incifion, 3, 4 à 5
cayeux, pendant que la Fleur ni l'Oignon n'en fouffriront en aucune maniere.

     CHA-

CHAPITRE XI.

Comment on peut rendre les Fleurs de Jacintes hâtives, & des moyens d'en avoir en hiver.

S'Il n'étoit queſtion que de traiter de la culture de la Jacinte, je crois qu' après tout ce que j'ai dit, mon Ouvrage feroit fini. Mais comme il y a une maniere de la rendre hâtive, & d'en avoir en hiver, que quelques Curieux me l'ont demandée, & que bien des gens feront charmés de la ſçavoir, j'aurois à me reprocher ſi je ne contentois pas & les uns & les autres; on peut certainement avoir au milieu de l'hiver des Fleurs de Jacintes auſſi belles & auſſi parfaites que celles du Mois d'Avril, leur ſaiſon naturelle. Il ne faut pas prendre beaucoup de peine pour ſe procurer ce plaiſir, & même la Jacinte eſt moins ingrate que toutes les autres Fleurs, c'eſt-à-dire, qu' elle y repond mieux.

Ceux qui ne veulent avoir que des Fleurs ordinaires en hiver, & qui n'ont point d'autre but que de flater leur odo-

rat

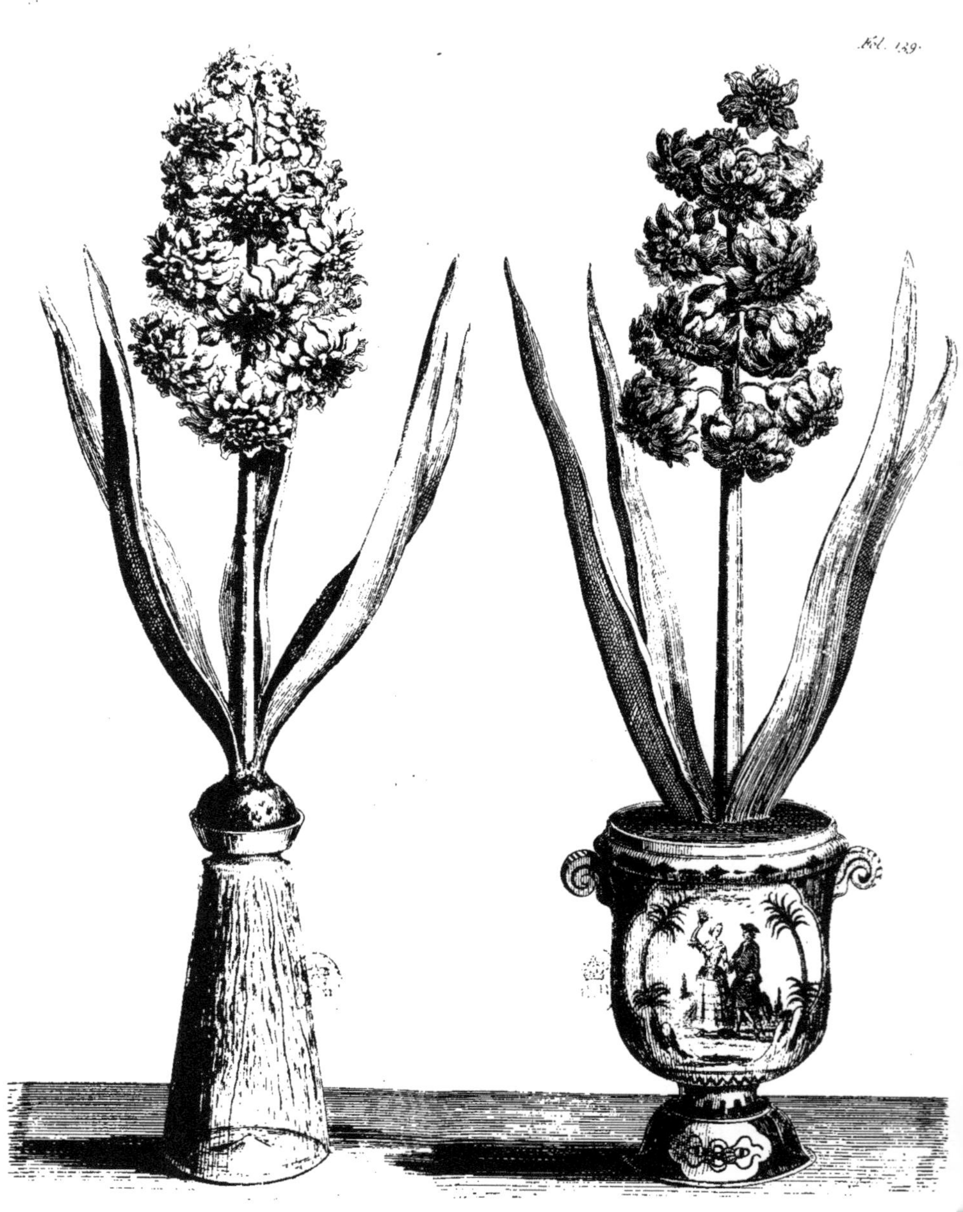

Fol. 129.

rat & leur vue, plantent indistinctement
au mois d'Octobre 4 ou 5 Oignons de
Jacínte hative dans des pots à un pouce
de terre ; ils enterrent ces pots dans une
caiffe propre à faire avancer les Fleurs &
qu'on a remplie de Tan chaud, & quand
ils ont une étuve pour les plantes étrange-
res, ils les y mettent vis-à-vis des Fenêtres, & ont-ils arrofé leurs pots, quand
ils en ont eu befoin, leurs plantes font
en fleur dès le Mois de Janvier. Mais un
vrai Curieux rafiné, choifit parmi fes Oignons de fimples & doubles hâtives la quantité qu'il en veut de ceux qui paroiffent
avoir pris toute leur croiffance, & qui
font bien ronds. Il faut avoir un peu plus
de patience pour les doubles que pour les
fimples, leur Fleur ne vient qu'au mois
de Fevrier. Le choix fait, on prend des
verres ou des pots de porcelaine dont voici la figure : leur grandeur & hauteur
n'eft pas déterminée. Un verre de 7, 8
à 9 pouces eft affez haut, la largeur de
fon entrée doit être proportionnée à l'Oignon qu'on y met. Il faut qu'il puiffe y
être à fon aife. Le corps d'un petit pot
eft affez grand, quand, outre le pied, il
a 4 pouces de hauteur, & que fa largeur
en dedans en a autant. On obferve à l'é-
gard

gard des verres qu'ils ont l'avantage de n'avoir befoin que d'eau de pluie fraîche. Le 10 Octobre on y en met affez pour que le fond de l'Oignon ou fon cercle de racines & même partie de l'Oignon puiffent être dans l'eau qu'on change de 4 femaines en 4 femaines. On a alors l'agrement de voir cette plante jetter fes racines & fa tige; & même quand elle eft fleurie, fi on en a une affez grande quantité pour en former un théâtre, on peut avoir autant de plaifir que fi l'on voyoit une montagne garnie de Fleurs. D'un autre côté les pots conviennent naturellement mieux aux Fleurs, une ou deux y font un meilleur effet que ceux dans les verres. On remplit ces pots de terre, on y plante fes Oignons fans les mettre autrement que de niveau avec le deffus & cependant couverts. Il faut que l'Oignon puiffe tirer par un petit trou qui eft au fond du pot, l'humide dont il a befoin d'un petit cuveau plein d'eau dans lequel on met le pot.

Quand on ne fe foucie pas d'avoir ces verres ou pots fleuris avant la fin de Janvier ou le commencement de Fevrier, on les met vis-à-vis de la fenêtre de la chambre où l'on fait du feu en hiver. Plus
ils

ils font à l'air & mieux ils réuffiffent. Cependant dans les grands froids on a foin pendant les nuits de les retirer & de les mettre plus avant dans la chambre, pour les garantir de la gelée. Mais fi on veut avoir des Fleurs dès le commencement de Janvier, au défaut d'une étuve, il faut avoir une caiffe propre à faire avancer les Fleurs, bien pourvue s'entend de fumier de Tan. Il feroit à fouhaiter qu'on pût les échaufer par le moyen d'un poêle ou de tuyaux, mais cela n'eft pas abfolument néceffaire; une chaudiere d'eau bouillante qu'on entretient chaude avec un peu de feu fuffit pour y fuppléer, elle donne une vapeur continuelle qui approche de la rofée d'Eté. Il faut fe donner bien de garde de faire agir le feu fur les Fleurs autrement que par le canal de l'eau. J'ai vu certains coffres ou caiffes où l'on pouvoit mettre les pots ou verres; des gens fe font avifés d'en faire avancer les Fleurs en allumant du feu deffous, mais ils en ont toujours été la dupe. L'eau perdoit fes fels & fa force & fe putrifioit, les racines fe pourriffoient & caufoient avec l'eau une infection; la mort de la plante s'enfuivoit avant que de donner des Fleurs. On peut donc avoir des Jacintes fleuries

de

depuis le premier Janvier jufqu'en Mai ;
il y a plus, on a auffi le plaifir de voir
que les Oignons dont on a rendu les fleurs
hâtives ne font pas perdus ; après la Fleur,
on les tire des verres ou pots, on les
met dans la terre à l'ordinaire, on les y
laiffe jufqu'au tems qu'on leve les autres ;
tout ce qui y arrive de particulier, c'eft
que l'année fuivante on ne peut recommencer l'operation qu'ils ont effuyée ;
mais les a-t-on replantés une année, ils
fe rétabliffent, & jettent des petits en
quantité ; de façon que c'eft une pépinie-
re d'Oignons pour l'avenir.

FIN.